W0258811

In der populärwissenschaftlichen Sammlung

Einblicke in die Wissenschaft

mit den Schwerpunkten Mathematik – Naturwissenschaften – Technik werden in allgemeinverständlicher Form

- elementare Fragestellungen zu interessanten Problemen aufgegriffen,
- Themen aus der aktuellen Forschung behandelt,
- historische Zusammenhänge aufgehellt,
- Leben und Werk bedeutender Forscher und Erfinder vorgestellt.

Diese Reihe ermöglicht interessierten Laien einen einfachen Einstieg, bietet aber auch Fachleuten anregende, unterhaltsame und zugleich fundierte Einblicke in die Wissenschaft.

Jeder Band ist in sich abgeschlossen und leicht lesbar.

Volker U. Hoffmann

Photovoltaik –
Strom aus Licht

Springer Fachmedien Wiesbaden GmbH

vdf Hochschulverlag AG an der ETH Zürich

Volker U. Hoffmann
D-04109 Leipzig

Bildnachweis:

Archiv Hoffmann: Abb. 61; ASE: Abb. 5, 10, 12, 17, 40, 45, 46, 47; Bayer Solar: Abb. 3;
Bayernwerk: Abb. 30; FhG-ISE: Abb. 33, 38, 49, 56, 58; Flachglas Solartechnik: Abb. 31;
GhK-ISET: Abb. 32; Newtec: Abb. 18; OKA: Abb. 41; PWE: Abb. 44; Siemens Solar:
Abb: 20, 34, 51, 52, 59; TNC: Abb. 36, 37, 39, 55.

Gedruckt auf chlorfrei gebleichtem Papier.

Die Deutsche Bibliothek – CIP-Einheitsaufnahme

Hoffmann, Volker U.:
Photovoltaik - Strom aus Licht / Volker U. Hoffmann. -
Stuttgart ; Leipzig : Teubner ; Zürich : vdf, Hochsch.-Verl. an der ETH, 1996
   (Einblicke in die Wissenschaft : Technik)
   ISBN 978-3-8154-2506-0   ISBN 978-3-663-07980-4 (eBook)
   DOI 10.1007/978-3-663-07980-4

Das Werk einschließlich aller seiner Teile ist urheberrechtlich geschützt. Jede Verwertung
außerhalb der engen Grenzen des Urheberrechtsgesetzes ist ohne Zustimmung des Verlages
unzulässig und strafbar. Das gilt besonders für Vervielfältigungen, Übersetzungen, Mikro-
verfilmungen und die Einspeicherung und Verarbeitung in elektronischen Systemen.

©1996 Springer Fachmedien Wiesbaden
Ursprünglich erschienen bei B.G. Teubner Velagsgesellschaft Leipzig 1996.

Umschlaggestaltung: E. Kretschmer, Leipzig

Geleitwort

Das vorliegende Buch "Photovoltaik - Strom aus Licht" leistet einen wichtigen Beitrag zum Verständnis dieser neuen umweltgerechten energierohstofffreien Form der Stromproduktion. Der interessierte Leser erhält in kompakter Form einen fundierten Überblick über die Geschichte und die Technik der Photovoltaik.

Die Einführung jeder neuen Energietechnologie, also auch die der Nutzung der Sonnenenenergie, ist immer eine Generationsaufgabe. Die anfänglich langsame Geschwindigkeit der Markteinführung reflektiert keineswegs das riesige Potential, das die Sonnenenergie als zukünftige Energiequelle für die Menschheit darstellt. Die politischen Prozesse, zum Beispiel die Herstellung der Kostenwahrheit zwischen den Energieträgern, dauern immer viel länger, als dies aus der Sicht der Umwelt notwendig ist.

Ein weiterer wichtiger Hemmschuh ist die noch fehlende Verbreitung des hohen Wissensstandes Einzelner über die Photovoltaik. Es gilt: Nicht wie viel wir wissen, sondern wie Viele es wissen. Diese Tatsache beeinflusst entscheidend die Fortschritte, die wir bei der Photovoltaikumsetzung auch im Markt erreichen können. Das vorliegende Buch kann hierzu beitragen.

Männedorf, im Dezember 1995   Thomas Nordmann
Präsident Sonnenenergie
Fachverband Schweiz (SOFAS)

Vorwort

Die Begrenztheit der Energieressourcen und die Gefahr von Umwelt-schädigungen und Klimaveränderungen durch das Verbrennen fossiler Energieträger in herkömmlichen Energieumwandlungsanlagen erfordern einerseits rasch wirksame Maßnahmen zum effizienten Umgang mit Energie und zur deutlichen Energieeinsparung. Andererseits ist aber auch die Erschließung CO_2-freier Energiequellen als Basis für eine künftige Energieversorgung unbedingt notwendig. Als eine besonders aussichtsreiche Möglichkeit dazu kann die Photovoltaik angesehen werden.

Photovoltaische Zellen oder Solarzellen, wie sie meist genannt werden, sind elektronische Halbleiter-Bauelemente, die die einfallende Strahlungsenergie (Sonnenlicht und künstliches Licht) auf direktem Wege in elektrische Energie umwandeln. Der bei der konventionellen Elektroenergieerzeugung stets notwendige Weg über die Wärmeenergie als Zwischenstufe des Energieumwandlungsprozesses ist hier nicht notwendig. Demzufolge sind bei der photovoltaischen Stromerzeugung auch keine mechanisch bewegten Teile erforderlich. Die Wartungskosten für die entsprechenden Anlagen sind daher äußerst gering und, was unter ökologischen Gesichtspunkten noch viel bedeutsamer ist, durch ihren Betrieb erfolgt keine Beeinträchtigung der Umwelt. Photovoltaische Anlagen arbeiten mit Ausnahme einiger weniger Systemkomponenten geräuschlos und ohne Emissionen von festen oder gasförmigen Schadstoffen. Auch der bei herkömmlichen Kraftwerken technologisch bedingte Anfall von Abwärme ist nicht zu verzeichnen. Das Anwendungsspektrum der Photovoltaik ist gegenwärtig bereits außerordentlich breit gefächert und reicht von sehr kleinen Leistungen in der Konsumelektronik (u. a. Armbanduhren, Taschenrechner) über die Stromversorgung von Geräten und einzelnen Gebäuden bis hin zu großen Photovoltaikkraftwerken im Megawatt-Bereich. Den technischen Vorteilen der Photovoltaik steht allerdings ein nicht zu unterschätzender Nachteil gegenüber: Solarzellen sind gegenwärtig in der Herstellung noch sehr teuer, was sich direkt auf die Stromgestehungskosten dieser Technik auswirkt. Für bestimmte Anwendungsfälle, vor allem im Bereich der Stromversorgung von Kleinstgeräten und von nicht an das öffentliche Versorgungsnetz gekoppelten Gebäuden oder Siedlungen, ist die Photovoltaik aber bereits heute den konventionellen Stromversorgungssystemen wirtschaftlich zumindest ebenbürtig, in vielen Fällen sogar überlegen.

Anliegen dieses in der Reihe "Einblicke in die Wissenschaft" erscheinenden Buches ist es, den Leser mit den Grundzügen der Photovoltaik und ihren unterschiedlichen Einsatzmöglichkeiten vertraut zu machen. Dabei kann aufgrund der Vielfalt und des Umfangs der Thematik lediglich ein erster Einblick gegeben werden. Die Literaturhinweise am Ende des Bandes sollen den interessierten Leser befähigen, sich intensiver mit der Photovoltaik zu befassen.

Leipzig, im Dezember 1995   Volker U. Hoffmann

Inhalt

Inhalt   9

1 Geschichte der Photovoltaik

So modern uns heute die Photovoltaik[1] auch erscheinen mag, ihre Anfänge reichen bis in das vorige Jahrhundert zurück. Bereits im Jahre 1839 entdeckte der französische Naturforscher Alexandre Edmond Becquerel (1820-1891), daß bei der Einstrahlung von Licht auf bestimmte Strukturen eine elektrische Spannung erzeugt werden kann. Becquerel hatte mit einer Anordnung experimentiert, bei der zwei Platinplatten in einen flüssigen Elektrolyten getaucht wurden. Die Vorrichtung ähnelte stark einem Topf, der in der Mitte durch eine dünne Membran halbiert war, so daß praktisch zwei Abteilungen entstanden. Die Membran ließ zwar Flüssigkeiten passieren, das Licht sperrte sie aber aus. Becquerel hatte auch den Topfdeckel halbiert. So ließ sich wahlweise die eine oder die andere Hälfte über dem jeweiligen Topfteil öffnen. Die beiden Platinplatten verband er mit einem empfindlichen Galvanometer. Öffnete man nun eine der Deckelhälften, so entstand unter der Einwirkung des Lichts ein Potentialunterschied zur Platinplatte im dunkel gebliebenen Topfteil, der mit dem Galvanometer bestimmt werden konnte. Seine Beobachtungen mit dieser Versuchsanordnung veröffentlichte Becquerel am 30. Juli 1839 im wöchentlichen Protokoll der Akademie der Wissenschaften in Paris. Es war dies, wenn man so will, die Geburtsstunde der Photovoltaik.

An dieser Stelle sei ein kleiner inhaltlicher Vorgriff erlaubt: Becquerel entdeckte bei seinen Experimenten zwar den lichtelektrischen Effekt. Die heutigen Solarzellen, mit denen wir uns in den folgenden Kapiteln noch beschäftigen wollen, nutzen aber nicht die Einwirkung des Lichts auf Elektroden in chemischen Lösungen, sondern den Potentialunter-

---

[1] Photovoltaik; von photo, griech. = Licht und Volt (V) = Einheit der Spannung.

schied, der beim Auftreffen der Lichtquanten auf die unterschiedlich dotierten Teile eines Halbleiters entsteht. Dennoch gilt Alexandre Edmond Becquerel mit Fug und Recht als der "Vater der Photovoltaik".

Knapp vier Jahrzehnte später, im Jahre 1876, gelang den amerikanischen Physikern Adams und Day der Nachweis des von Becquerel entdeckten Effekts am Selenkristall. Der geringe Wirkungsgrad der Vorrichtung, er lag bei nur wenig mehr als 1 %, und die sehr hohen Kosten für das kristalline Selen verhinderten eine breitere Anwendung ihrer Entdeckung. Lediglich in der Photographie wurden später Selenzellen in Belichtungsmessern verwendet.

Die wissenschaftliche Deutung der Entdeckung Becquerels verdanken wir keinem geringeren als Albert Einstein (1879-1955). Vor ihm hatte sich allerdings bereits der deutsche Physiker Philipp Lenard (1862-1947) sehr intensiv mit dem lichtelektrischen Effekt befaßt. Auf der Grundlage der damals vorherrschenden Wellentheorie des Lichts konnte er aber die von ihm beobachteten Zusammenhänge nicht erklären. Dies war erst durch die von Einstein im Jahre 1905 formulierte Lichtquantenhypothese möglich. Mit ihr lag zugleich auch die theoretische Erklärung für den lichtelektrischen oder, wie er heute meist genannt wird, den photovoltaischen Effekt vor. Einstein erhielt u. a. für seine Deutung des Photoeffekts im Jahre 1921 den Nobelpreis für Physik.

In der Folgezeit beschäftigte man sich allerdings nur in einigen wenigen Forschungslabors zielgerichtet mit der Entdeckung Becquerels und der durch Einstein gegebenen theoretischen Beschreibung. Sie geriet fast in Vergessenheit. Zwar gab es einige theoretische Arbeiten zu dieser Thematik, und an verschiedenen Materialien wurde der photovoltaische Effekt untersucht, aber so richtig voran kam man dabei zunächst nicht.

Erst das Jahr 1949 brachte dann auf einem kleinen Umweg den entscheidenden Schritt auf dem Weg in Richtung der heutigen Solarzelle: in den Bell Telephone Laboratories in Murray Hill, NY/USA, entdeckten Shockley, Bardeen und Brattain den Transistoreffekt[2]. In diesem Zusammenhang gelang ihnen auch die Klärung der Physik des positiv(p)-negativ(n)-Übergangs in dotierten Halbleitermaterialien, der - wie wir noch sehen werden - auch bei den Solarzellen eine entscheidende Rolle spielt. Für ihre Arbeiten, die zugleich das Zeitalter der Halbleiterphysik einleiteten, erhielten die drei amerikanischen Wissenschaftler im Jahre 1956 den Nobelpreis für Physik.

Zwei Jahre zuvor hatten die Amerikaner Chapin, Fuller und Pearson ebenfalls in den Bell Telephone Laboratories von Murray Hill eine Solarzelle aus Silicium (Si) entwickelt, deren Wirkungsgrad etwa 6 % betrug. Morton B. Prince gab schließlich 1955 im "Journal of Applied Physics" eine grundlegende Analyse zum Wirkungsgrad der Si-Solarzellen und kam dabei zu der Schlußfolgerung, daß deren maximaler Wirkungsgrad bei 21,7 % liegt. Ein Wert, der seither nur geringfügig nach oben korrigiert werden mußte. Man geht heute davon aus, daß der theoretisch erreichbare Wirkungsgrad von normalen monokristallinen Si-Solarzellen etwa bei 28 % liegt; es können also maximal 28 % der auf eine Solarzelle fallenden Strahlungsenergie in elektrische Energie umgewandelt werden. Daß Prince zum Zeitpunkt seiner grundlegenden Arbeiten gleichfalls als Wissenschaftler bei Bell Telephone Laboratories tätig war, sei hier nur der Vollständigkeit halber

---

[2] Transistor; aus engl. transfer und resistor. Elektronisches Bauelement, das aus einem Halbleiterkristall, meist Silicium, mit Zonen unterschiedlichem Leitfähigkeitstyps besteht und mindestens drei Elektroden besitzt. Es werden grundsätzlich bipolare und unipolare Transistoren unterschieden, je nachem ob für die Funktion des Transistors beide Ladungsträgerarten (Elektronen und Löcher) notwendig sind oder nur eine Ladungsträgerart.

erwähnt. Die von ihm vorgelegten Untersuchungen führten schließlich dazu, daß noch 1956 eine Si-Solarzelle mit einem Wirkungsgrad von 10 % hergestellt werden konnte.

Die Ende der 50er Jahre rasant einsetzenden Aktivitäten auf dem Gebiet der Raumfahrt boten für die Solarzellen hervorragende potentielle Einsatzmöglichkeiten. Galt es doch, eine Quelle der Elektroenergieversorgung für Raumflugkörper zu schaffen, die über eine lange Zeit wartungsfrei und zuverlässig arbeiten kann. Die Solarzelle war dazu nach Meinung ihrer Schöpfer in der Lage und erhielt so eine ausgezeichnete Chance, ihre Leistungsfähigkeit unter Beweis zu stellen. Zugleich ergaben sich daraus aber auch zahlreiche Ansätze für neue Entwicklungsarbeiten. Das betraf nicht nur den Wirkungsgrad der direkten Umwandlung von Lichtenergie in elektrischen Strom, sondern auch die Resistenz der Zellen gegen die hochenergetische Strahlung im Weltraum sowie die Sicherheit und Zuverlässigkeit der Versorgung der Bordsysteme mit Strom unter extremen Einsatzbedingungen.

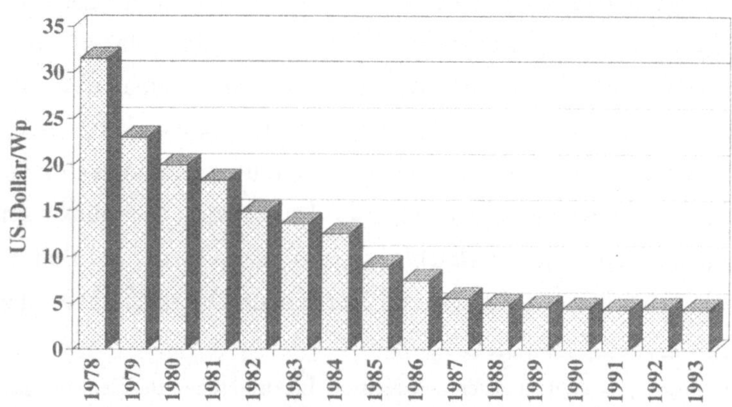

Abb. 1   Preisentwicklung für Photovoltaik-Module [weltweit](Quelle: FhG-ISE)

Im Jahre 1958 wurden dann erstmals 108 Solarzellen zur direkten Erprobung in den Weltraum "geschossen". Sie sicherten die Bordversorgung des Satelliten Vanguard I und lieferten Energie lange über die vorgesehene Betriebsdauer des Satelliten hinaus. In der Folgezeit stieg der Bedarf an Solarzellen für die Raumfahrt rasch an. Die Forschungs- und Entwicklungsarbeiten wurden forciert, und bald darauf begann die industriemäßige Fertigung von Solarzellen, zunächst in sehr bescheidenem Umfang. Als Folge all dieser Aktivitäten konnte der Wirkungsgrad der Zellen erhöht werden. Noch viel wichtiger aber war, daß die Preise für Solarzellen bzw. Photovoltaik-Module in den folgenden Jahren deutlich fielen (Abb. 1). Dadurch wurden die Voraussetzungen für eine - wenn auch zunächst nur sehr bescheidene - terrestrische[3] Anwendung von Solarzellen geschaffen; das Haupteinsatzgebiet der Solarzellen blieb aber für mehr als ein Jahrzehnt die Raumfahrt.

Den Durchbruch für den Einsatz von Solarzellen auf der Erde brachte dann die Ölkrise der Jahre 1973/74. In allen Industriestaaten suchten die Experten nach Alternativen für das kaum noch erreichbare und plötzlich sehr teure Erdöl. Sie besannen sich dabei auch auf die Photovoltaik und sahen in ihr einen möglichen Kandidaten für eine künftige nichtfossile Energieversorgung. In zahlreichen Ländern Europas, Amerikas und Asiens wurden in rascher Folge Forschungs- und Entwicklungskapazitäten aufgebaut, die sich nicht nur mit der Schaffung hocheffizienter Solarzellen befaßten. Gearbeitet wurde zunehmend auch an optimalen Einsatzkonzepten für terrestrische Anlagen sowie an der Entwicklung der dazu erforderlichen Systemkomponenten (vgl. auch Kap. 4). Das wichtigste Problem, das dabei zu lösen war, ließ

---

[3] terrestrisch (lat.) = die Erde betreffend.

sich bei aller Schwierigkeit in einem Satz formulieren: sollte die terrestrische Nutzung der Photovoltaik in Zukunft einen nennenswerten Betrag zur weltweiten Energieversorgung liefern, so mußten die Herstellungskosten für die Solarzellen um den Faktor 1000 reduziert werden. Wie Abb. 1 zeigt, ist man mittlerweile auf dem Weg der Kostenreduzierung schon ein beträchtliches Stück vorangekommen, nicht zuletzt auch dank der steigenden Produktionszahlen (Abb. 2). Aber noch immer ist die Photovoltaik in zahlreichen Einsatzfällen der herkömmlichen Energiebereitstellung aus Kostengründen unterlegen.

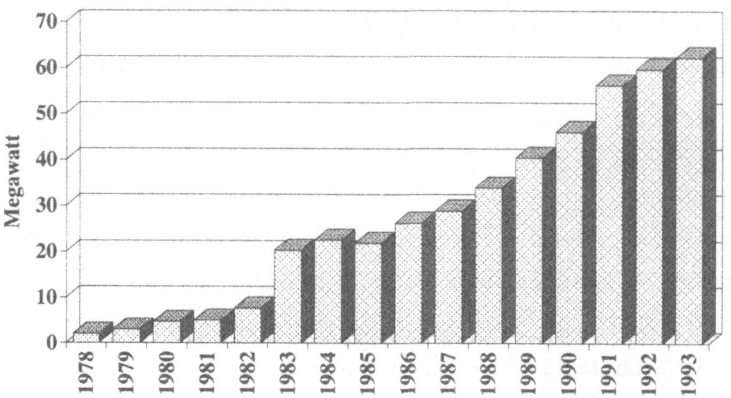

Abb. 2   Entwicklung der weltweiten Solarzellenfertigung (Quelle: Barlow, Derrick und Gregory - 12th European Photovoltaic Solar Energy Conference and Exhibition, Amsterdam 1994)

Heute existieren photovoltaische Anlagen zur Elektroenergieversorgung in einem sehr breiten Spektrum: von Kleinanwendungen, beispielsweise für die Energieversorgung von Taschenrechnern, Armbanduhren und Kleingeräten mit Leistungen von nur einigen wenigen Milliwatt, über Anlagen zur Stromversorgung von Gebäuden, die

Leistungen von einigen Kilowatt (kWp[4]) aufweisen, bis hin zu zentralen photovoltaischen Kraftwerken im Bereich von mehreren Megawatt (MWp). Einige dieser Anlagen und Systeme werden in den folgenden Kapiteln noch etwas näher vorgestellt. Wenden wir uns zunächst der Frage zu, wie eine Solarzelle aufgebaut ist und wie die direkte Umwandlung von Licht in Elektroenergie abläuft.

---

[4] Bei der Leistungsangabe von PV-Anlagen wird meist die unter bestimmten Voraussetzungen (vgl. Abschn. 2.3) erreichbare Spitzenleistung genannt. Die Kennzeichnung erfolgt durch p, von engl. peak = Spitze, nach der Maßeinheit.

2 Von der Solarzelle zum Solargenerator

Als besonders geeignet für die Nutzung des photovoltaischen Effekts haben sich die Halbleiter erwiesen. Sie stehen, wie schon der Name sagt, zwischen leitenden Materialien (Metallen) und nichtleitenden (Isolatoren) und zeichnen sich durch eine besondere Eigenschaft aus. Bei ihnen kann nämlich die Ladungsdichte erhöht werden, wenn den gebundenen oder Valenzelektronen eine verhältnismäßig geringe Energiemenge zugeführt wird. Deren konkrete Höhe hängt vom jeweiligen Halbleitermaterial ab, liegt aber stets im Bereich von weit unter einem Elektronenvolt (eV) bis zu nur einigen eV. Damit eignen sich als Energiequelle für die Erhöhung der Ladungsdichte die Photonen (Lichtquanten) sowohl der Sonnenstrahlung als auch die des künstlichen Lichts. Trifft ein solches Photon auf das Halbleitermaterial, so läuft, grob beschrieben, folgender Vorgang ab. Eines der gebundenen Elektronen wird nach der Absorption des Photons frei, hinterläßt aber an der Stelle der dadurch zerrissenen Bindung eine Fehlstelle, ein sogenanntes Loch. Dieses hat eine positive Ladung, die der Größe nach der Ladung des Elektrons entspricht. Damit wirkt es auf ein anderes Elektron ein, was dazu führt, daß sich nun dieses aus seiner Bindung löst und das Loch besetzt. Aber dadurch entsteht natürlich wieder ein Loch, welches seinerseits auf ein Elektron wirkt. Es verläßt seinen alten Platz, besetzt das Loch und hinterläßt eine Fehlstelle. Wenn man so will - ein Kreislauf ohne Ende, der aber auf ein sehr enges Verhältnis von Elektronen und Löchern hindeutet. Daher spricht man auch meist von Elektronen-Loch-Paaren in den Halbleitern [11].

2.1   Funktionsprinzip der Solarzelle aus kristallinem Silicium

Für die praktische Nutzung des lichtelektrischen Effekts mittels Solarzellen kommt es nun darauf an, nach der Auslösung des eben beschriebenen Vorgangs durch das Licht eine Vereinigung bzw. die Re-
kombination von Elektronen und Löchern zu Paaren zu verhindern.
Nachfolgend soll dies am Beispiel des gegenwärtig besonders häufig
eingesetzten Solarzellentyps, der kristallinen Silicium(Si)-Zelle, beschrieben werden. Sie ist in der Regel quadratisch, bei einer Kantenlänge von 100 mm, und besteht aus 0,2 - 0,3 mm dicken kristallinen
Si-Scheiben, wobei hinsichtlich der Art der Herstellung der Scheiben
(sie werden allgemein auch Wafer[5] genannt) zwei Wege unterschieden
werden:

mono- oder einkristalline Solarzelle; als Ausgangsmaterial für die
mono- und auch die nachfolgend beschriebenen polykristallinen Solarzellen dient hochreines Silicium, das aus Abfällen der Halbleiterindu-
strie stammt. Zur Herstellung monokristalliner Solarzellen schmilzt
man dieses Material zunächst ein und züchtet dann aus der heißen
Schmelze in einem speziellen Verfahren einen Si-Einkristall von bis
zu 20 cm Durchmesser. Dieser wird nach der Abkühlung mit einer
Drahtsäge in die einzelnen Wafer zerlegt (Abb. 3). Sie weisen eine
geordnete Kristallstruktur auf. Die Herstellungskosten monokristalliner Solarzellen sind allerdings sehr hoch. Das liegt zum einen an dem
energie- und zeitaufwendigen Prozeß des Aufschmelzens des Si und
der Züchtung des Einkristalls, zum anderen an den hohen Sägeverlu-
sten bei der Herstellung der quadratischen Wafer aus dem runden

---

[5] Halbleiterscheibe; von engl. wafer = Waffel, Oblate; Si-Wafer haben eine silbern-
metallische Farbe.

Einkristall. Trotz ihres hohen Preises ist die monokristalline Zelle der gegenwärtig am häufigsten eingesetzte Solarzellentyp. Von allen heute industriemäßig hergestellten Solarzellen haben monokristalline Si-Zellen den höchsten Wirkungsgrad (vgl. Tab 1).

Abb. 3   Si-Einkristallblöcke und gesägte monokristalline Si-Scheiben

Durch spezielle Behandlungsverfahren der vorderseitigen Oberfläche von monokristallinen Si-Solarzellen läßt sich deren Wirkungsgrad weiter verbessern. Dabei werden mit unterschiedlichen Verfahren (u. a. mit Laser oder auf photochemischem Wege) in die Oberfläche der Si-Scheiben Pyramiden bzw. Gräben von ca. 20 µm Tiefe gefräst bzw. geätzt. Man spricht auch von einer Texturierung der Solarzellen-Vorderseite. An den Kanten bzw. Seitenflächen der Pyramiden und Gräben kommt es zu einer gewollten Mehrfachreflexion des einfallen-den Lichtes; es kann so nochmals in die Solarzelle eindringen (Abb. 4). Man erhält auf diese Weise eine größere Empfängerfläche für die Sonnenstrahlen; der erreichbare Wirkungsgrad der Solarzellen, bezogen auf eine gegebene Fläche, erhöht sich.

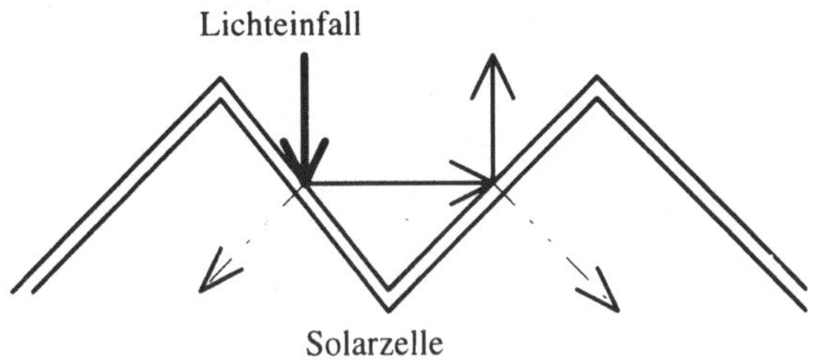

Abb. 4   Mehrfachreflexion an einer texturierten Solarzellen-Oberfläche

poly- oder multikristalline Si-*Solarzellen* (Abb. 5); bei ihnen wird das hochreine Silicium geschmolzen und danach in Blöcke gegossen. Durch eine kontrollierte Abkühlung ergibt sich eine gerichtete Erstarrung der Kristalle. Polykristalline Si-Solarzellen erkennt man leicht an ihrer eisblumenartigen Oberflächenstruktur. Deutlich sind die Grenzen der einzelnen Kristalle sichtbar. Aufgrund des Gießverfahrens sind polykristalline Solarzellen billiger herzustellen als monokristalline. Ihr Wirkungsgrad liegt aber etwas unter dem der monokristallinen Si-Zellen (s. Tab. 1). Zur Herstellung der Si-Blöcke als Ausgangsmaterial für polykristalline Wafer bzw. Zellen gibt es mehrere Verfahren. Derzeit am bekanntesten sind der SILSO-Prozeß, die UCP-(Ubiquitious Cristallization **P**rocess)-Methode und das HEM-(**H**eat **E**xchanger **M**ethod)-Verfahren. Beim SILSO-Prozeß wird das Si in Blöcken von 43 cm x 43 cm gegossen und nach der Erstarrung in Säulen von 10 cm x 10 cm Kantenlänge geschnitten. Aus den Säulen sägt man dann die 10 cm x 10 cm großen Wafer mit einer Dicke von 200 - 450 μm. Sie bilden die Grundlage der Solarzellenfertigung. Deren Ablauf unterscheidet sich nicht von dem der Herstellung monokristalliner Zellen.

Tabelle 1   Erreichte Wirkungsgrade von technisch interessanten Solarzellen (Quelle: FhG-ISE)

Material	Laboratorium		Produktion	
	Fläche (cm²)	η (%)	Fläche (cm²)	η (%)
Silicium (kristallin)				
einkristallin	4	23,3	100	17,5
multikristallin	100	17,8	100	14,2
Dünnschichtzelle	1	15,7		
Silicium (amorph)				
a-Si (monojunction)	1	11,5	1000	5 - 8
a-Si (multijunction)	1	13,7		5- 8 *
GaAS (einkristallin)				
auf GaAS	0,25	25,7	4	17,0 *
auf Fremdstoffen	1	18,3	4	18,2 *
andere Halbleitermaterialien				
CdS/CdTe	0,31	15,8		
CdZnS/CuInSe$_2$ (CIS)	3,5	17,0	500	11,0
Tandemstrukturen				
a-Si/CIS	4,0	15,6	1000	8,2
Si/GaAS	0,3	31,0		
GaAS/GaInP	1,0	27,6		
GaAS/GaSb	0,05	35,8		
Photoelektrochemische Zelle				
TiO$_2$-Farbstoff	0,5	10,4		

* Pilotproduktion in kleinen Mengen

Abb. 5   Polykristalline Si-Solarzelle

Durch das gezielte Einbringen von Fremdatomen (z. B. Bor bzw. Phosphor) in die mono- bzw. polykristallinen Si-Scheiben, genauer in das Gitter des Si-Kristalls, werden in der Solarzelle zwei Schichten mit unterschiedlichen elektrischen Eigenschaften geschaffen, die n- und die p-Schicht. Diesen Vorgang bezeichnet man als Dotierung.

An der Grenzfläche zwischen der n- und der p-leitenden Schicht entsteht (auch ohne Beleuchtung) ein von außen nicht meßbares elektrisches Feld. Trifft nun Licht auf die Solarzelle, werden durch die Energie der Lichtquanten freie Ladungsträger erzeugt, die durch das innere elektrische Feld getrennt werden; es entsteht eine Potentialdifferenz und damit an den äußeren Anschlußkontakten auch eine elektrische Spannung, so daß beim Anschluß eines Verbrauchers ein Strom fließen kann.

Die dazu erforderliche Kontaktierung der Solarzelle ist für Vorder- und Rückseite unterschiedlich (Abb. 6). Während der metallische Kontakt an der Rückseite flächendeckend angebracht werden kann, muß der Kontakt auf der dem Licht zugewandten Seite so gestaltet sein, daß möglichst viel Licht auf das Silicium trifft. Kristalline Solarzellen haben daher auf der Vorderseite zur Spannungsableitung sehr schmale Metalleiterbahnen, meist Grid[6] genannt. Bei guter Gestaltung des Grids beträgt die Abschattung für die Strahlung nur wenige Prozent.

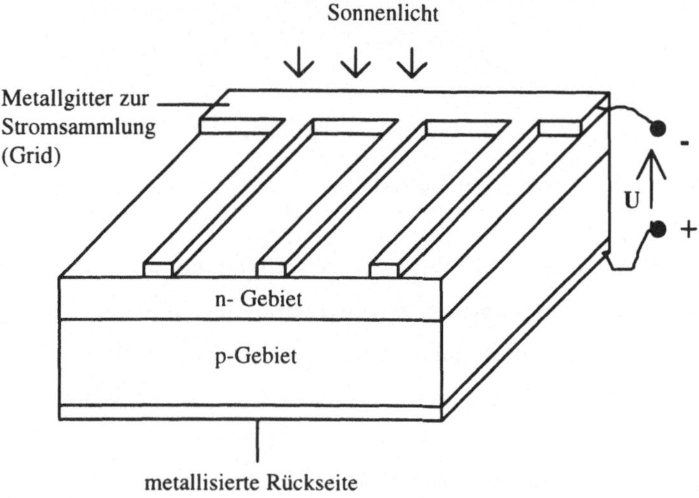

Abb. 6   Schematischer Querschnitt durch eine kristalline Solarzelle [6]

Der eben beschriebene Aufbau und die Wirkungsweise einer Solarzelle lassen erkennen, daß es sich bei ihr im Prinzip um eine großflächige Silicium-Diode und damit um ein elektronisches Halbleiterbau-

---

[6] grid (engl.) = Gitter.

element handelt. In Abb. 7 sind Schaltbild und Strom-Spannungs-kennlinie einer solchen Diode dargestellt. Zum besseren Verständnis der in Abschn. 2.3 beschriebenen charakteristischen Größen von Solarzellen ist es erforderlich, sich zunächst etwas detaillierter mit den Eigenschaften der Silicium-Diode zu beschäftigen.

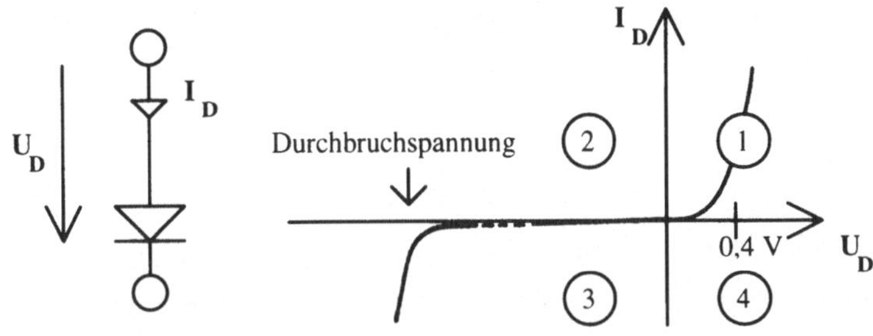

Abb. 7   Schaltbild und Kennlinie einer Silicium-Diode [39]

Im unbeleuchteten Zustand entspricht die Kennlinie dieser Diode im wesentlichen der Kennlinie einer normalen Gleichrichterdiode. In Durchlaßrichtung fließt bei kleinen Spannungen zunächst nur ein sehr geringer Strom. Ab einer Spannung von ca. 0,4...0,6 V steigt er dann sehr rasch an (vgl. 1. Quadrant in Abb. 7). In Sperrichtung (vgl. 3. Quadrant in Abb. 7) sperrt die Diode bis zu einer bestimmten Grenzspannung, um dann plötzlich leitend zu werden. Häufig wird dieser Vorgang auch als "Durchbruch" bezeichnet. Die Höhe der Spannung, bei der dieser Durchbruch erfolgt (Durchbruchsspannung), liegt bei Solarzellen zwischen nur wenigen und mehreren Dutzend Volt. Im allgemeinen wird bei diesem Vorgang das elektronische Bauteil zerstört. Bei einem von außen erzwungenen Stromfluß in der Durchlaßrichtung, wie dies beispielsweise bei einer Parallelschaltung mehrerer Solarzellen auftreten kann (s. Abschn. 2.4), sind dagegen

Werte bis zu einem Vielfachen des Nennstroms kein Problem [39].

Um zu dem in Abb. 8 gezeigten Ersatzschaltbild einer Solarzelle zu gelangen, wird von folgenden Feststellungen ausgegangen. Erstens: die Solarzelle ist eine normale Halbleiterdiode, die im unbeleuchteten Zustand einen Strom von der p- nach der n-Seite fließen läßt, wenn die Spannung über der Diode von p nach n gerichtet ist (vgl. Abb. 7). Zweitens: bei der Beleuchtung einer Solarzelle entstehen freie Ladungsträger, die einen Stromfluß durch einen angeschlossenen Verbraucher ermöglichen. Dabei ist die Anzahl der freien Ladungsträger proportional zur einfallenden Beleuchtungsstärke. Der im Inneren der Solarzelle erzeugte Photostrom oder Kurzschlußstrom (I_{SC}[7]) ist ebenfalls proportional zur Beleuchtungsstärke [39]. Für eine Solarzelle läßt sich somit das in Abb. 8 gezeigte vereinfachte Ersatzschaltbild angeben, das aus einer Diode und einer idealen Stromquelle besteht.

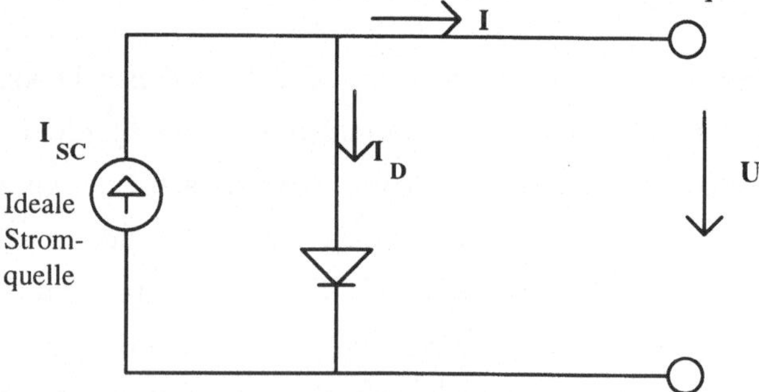

Abb. 8   Vereinfachtes Ersatzschaltbild einer Solarzelle   [39]

Auf die Verschaltung von Solarzellen zu Solar-Modulen wird in Abschnitt 2.4 noch etwas ausführlicher eingegangen. Hier soll zunächst die Feststellung genügen, daß in der praktischen Anwendung der So-

---

[7] sc = short circuit (engl.) = Kurzschluß, vgl. auch Abschn. 2.3.

larzellen stets mehrere von ihnen zu einem Solarmodul verschaltet werden.

Die Strom-Spannungskennlinie einer Solarzelle läßt sich anhand ihres Ersatzschaltbildes (Abb. 8) herleiten. Dem interessierten Leser sei dazu die weiterführende Literatur [9], [22], [39] empfohlen. Für das weitere Verständnis der folgenden Ausführungen genügt es zu wissen, daß die Kennlinie eines Solarmoduls gewissermaßen der gespiegelten oder "umgeklappten" Kennlinie einer Diode entspricht. Zusätzlich ist sie noch um den Wert des Photostroms (I_{SC}) nach oben verschoben. Die Kennlinien der Solarmodule geben die Hersteller meist in speziellen Datenblättern für die einzelnen Typen an.

Halbleitermaterialien haben in der Regel einen hohen Brechungsindex. Er bewirkt beispielsweise beim Silicium, daß über 30 % des auf eine Si-Scheibe treffenden Lichts reflektiert werden. Diese Strahlungsmenge würde somit für die Energieumwandlung ausfallen. Durch das Aufbringen einer dünnen Antireflexionsschicht läßt sich aber erreichen, daß wesentlich mehr Licht in das Silicium eindringt. Bereits eine einfache Antireflexionsschicht verringert die Reflexion des Lichtes auf 12 %; mehrere Antireflexionsschichten übereinander ermöglichen sogar Werte von nur noch 1 - 3 %. Die Antireflexionsschicht bewirkt bei den kristallinen Solarzellen übrigens auch den typischen blauen Farbton. Allerdings gibt es zunehmend auch Solarzellen, die durch die aufgebrachte Schicht dunkelgrau bis schwarz erscheinen.

Dotierung, Aufbringen der Antireflexionsschicht und Kontaktierung sind nur einige Stufen des komplizierten Herstellungsprozesses einer Solarzelle. Auf ihn soll hier nicht im Detail eingegangen werden. An seinem Ende liegt schließlich eine gebrauchsfertige Solarzelle vor.

2.2   Andere Solarzellentypen

Neben den bereits beschriebenen herkömmlichen mono- und poly-kristallinen Silicium-Solarzellen, die vom Prinzip her wie eine Halb-leiter-Diode arbeiten, gibt es noch ein anderes Solarzellenkonzept auf der Basis von kristallinem Si, die **Metall-I**solator-**S**ilicium-**I**nversions-schicht-(**MIS-I**)-Solarzelle (Abb. 9).

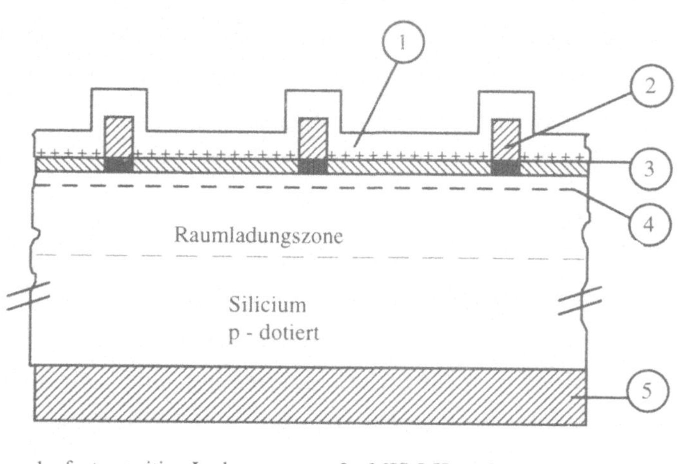

Abb. 9   Schematischer Aufbau einer MIS-I-Zelle [15]

Die Nukem-Zelle, wie sie nach der deutschen Herstellerfirma gele-gentlich auch genannt wird, besitzt einen induzierten pn-Übergang (mit n-leitender Inversionsschicht) analog einem **Metall-O**xid-**S**ilicium-(**MOS**)-Transistor. Bei ihr kann daher der aufwendige Schritt der n-Dotierung entfallen. MIS-I-Solarzellen werden seit 1992 im Pi-lotmaßstab (1 MWp/a) gefertigt und erreichen einen Wirkungsgrad von 12 bis 14 %. Sie stellen nach Meinung der Experten eine kostengünstige Alternative zu den herkömmlichen kristallinen Solarzellen dar, weil die Herstellung im Niedertemperatur-Bereich erfolgen kann. Zu dem von R. Hezel entwickelten Konzept der Inversionsschicht-Solarzelle laufen derzeit noch intensive Forschungs- und Entwicklungsarbeiten mit dem Ziel einer weiteren Vereinfachung und Verbilligung des Herstellungsprozesses, zur Steigerung des Wirkungsgrades und zur Erhöhung ihrer Langzeitstabilität [17].

Abb. 10   Blick auf das Solarkraftwerk Toledo PV

Ihre erste großtechnische Bewährung erlebt die MIS-I-Zelle im Solarkraftwerk von Toledo (Spanien). Dort sind insgesamt 2.112 Module aus MIS-I-Zellen mit einer maximalen Leistung von 456 kWp eingesetzt (Abb. 10). Jedes dieser Module besteht aus 180 Solarzellen. Der Wirkungsgrad der Solarzellen liegt bei 12,2 %, der der Module erreicht rund 10,6 %. Das Kraftwerk wird selbst von nüchternen Fachleuten als "Durchbruch bei der Nutzung der Solarenergie" bezeichnet. Es hat eine Gesamtleistung von 1 MW und steht in der Gemeinde Puebla de Montalbán bei Toledo (Spanien), direkt neben dem Wasserkraftwerk Castrejón (Abb. 10) an den Ufern des aufgestauten Tajo. Diese Lage ist durch eines der Ziele des Vorhabens begründet: dem gleichzeitigen Betrieb eines Solarkraftwerkes, das in den Sommermonaten seine maximale Leistung erreicht, mit einem Wasserkraftwerk, dessen höchste Erzeugung in den Wintermonaten liegt. Mit dieser Kombination soll eine höhere Kontinuität der Stromversorgung erreicht werden.

Von Interesse sind aber auch Solarzellen auf der Grundlage von amorphem Si bzw. anderen Halbleitermaterialien. Die wichtigsten von ihnen sollen nachfolgend kurz vorgestellt werden:

Solarzellen aus amorphem Silicium (a-Si); bei ihnen wird eine sehr dünne (< 1μm) Si-Schicht aus der Gasphase auf einem Trägermaterial abgeschieden (Abb. 11), wobei die unterschiedlichsten Trägermaterialien verwendet werden können. Meist kommt aber Glas zum Einsatz. Neue a-Si-Dünnschichtzellen degradieren bei Sonneneinstrahlung, d. h., ihr Wirkungsgrad nimmt in den ersten Wochen bis zum Erreichen eines stabilen Niveaus ab. Dieses liegt bei etwa 4 - 6 %. Die ursprünglichen Hoffnungen auf sehr günstige Herstellungskosten von a-Si-Dünnschichtzellen haben sich bisher nicht erfüllt. Die Zellen werden derzeit überwiegend in Kleingeräten (vor allem Taschenrechnern) sowie für spezielle Anwendungen eingesetzt. Nur in Einzelfällen gibt es bereits Anlagen im Kilowatt-Bereich.

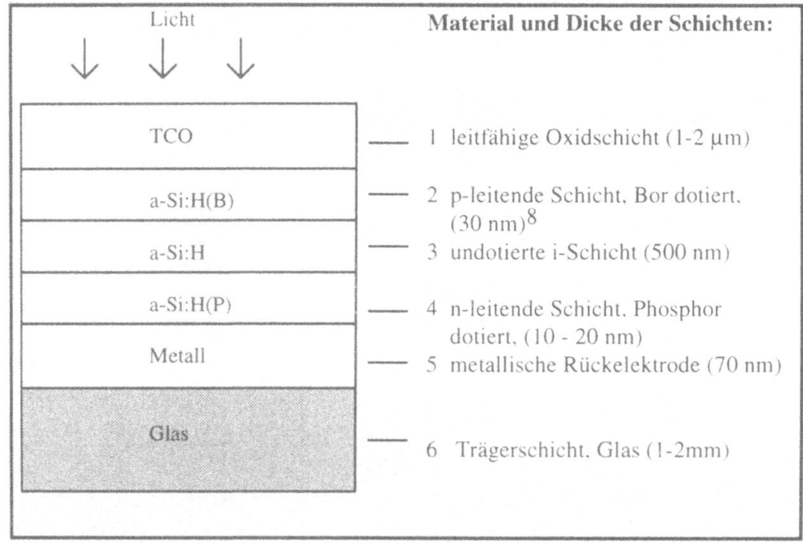

Abb. 11   Schematischer Aufbau einer a-Si-Dünnschicht-Solarzelle [32]

Ein solches Beispiel ist das Gebäude des Bayerischen Staatsministeriums für Landesentwicklung und Umweltfragen in München. Dort wurden zwischen 1992 und 1993 insgesamt 378 großformatige Solarmodule an der Fensterfront und an der Steinfassade des Gebäudes installiert. An der Fensterfront des Südtraktes dienen kristalline Solarmodule mit einer Gesamtfläche von 440 m² als Abschattungselemente. Die Leistung dieser Module beträgt insgesamt 46 kWp; darunter sind Hochleistungsmodule (Wirkungsgrad 16 %) mit einer Leistung von 21 kWp. An der Südseite des Osttraktes wurde eine 150 m² große Solarfassade aus a-Si angebracht (Abb. 12). Ihre Leistung beträgt 6 kWp. Der erzeugte Strom wird in das Netz eingespeist.

---

[8] Nanometer; 1nm = 10^{-9} m (1 Milliardstel Meter).

Abb. 12   Gebäude des Bayerischen Staatsministeriums für Landesentwicklung und Umweltfragen in München mit einer Solarfassade aus a-Si

Gallium-Arsenid (GaAs); mit diesen einkristallinen Dünnschicht-Solarzellen lassen sich im Labormaßstab Wirkungsgrade bis zu etwa 25 % erzielen. Allerdings sind die Herstellungskosten sehr hoch, bedingt durch das teure Ausgangsmaterial. GaAs-Zellen werden heute fast ausschließlich für Weltraumvorhaben bzw. spezielle Anwendungen eingesetzt. Fachleute schätzen die Aussichten für einen künftigen terrestrischen Einsatz als sehr gering ein, da monokristalline Si-Zellen im Labor bereits nahezu den gleichen Wirkungsgrad erreichen wie die GaAs-Zellen.

Kupfer-Indium-Diselenid (CuInSe$_2$) *"CIS-Zelle"*; diese Dünnschicht-Solarzelle ermöglicht im Labormaßstab und bei kleiner Fläche stabile

Wirkungsgrade bis zu 17 %. Sie besteht aus insgesamt vier Schichten von 0,03 bis 2,0 µm Stärke. Zum Vergleich: ein menschliches Haar hat eine Dicke von 50 - 100 µm. Als Trägermaterial für diese Schichten dient Fensterglas (Abb. 13). Für die Herstellung im Labormaßstab gibt es eine gut entwickelte Technologie. Der Übergang zur industriellen Fertigung hat derzeit begonnen. Die dabei hergestellten Module erreichen einen Wirkungsgrad von 11 %.

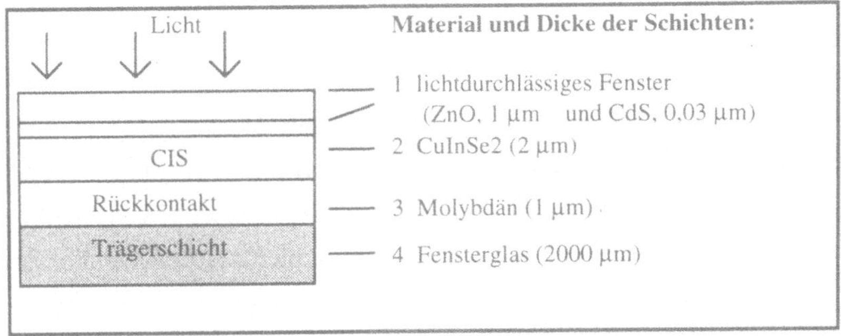

Abb. 13   Schematischer Aufbau einer CIS-Dünnschichtzelle [32]

Cadmiumtellurid (CdTe); Dünnschichtzellen aus diesem Material liegen bisher nur als Labormuster vor. CdTe ist dem Sonnenlicht optimal angepaßt und läßt sich mit guter Qualität einfach in Form dünner Schichten herstellen. Daher ist eine sehr kostengünstige Fertigung zu erwarten. Im Labor ließen sich bisher Wirkungsgrade um 16 % erzielen.

Intensiv wird auch an der Entwicklung sogenannte Tandemzellen aus unterschiedlichen Materialien gearbeitet. Es handelt sich dabei um Mehrfachzellen, bei denen zwei Dünnschicht-Solarzellen übereinander angeordnet und entsprechend untereinander verschaltet sind. Jede dieser transparenten Schichten hat eine andere spektrale Empfindlichkeit. Die nicht absorbierte Strahlung wird von der oberen Schicht durchgelassen und kann von der darunterliegenden Schicht genutzt werden. So läßt sich beispielsweise eine Solarzelle, die stärker den blauen Teil des Sonnenspektrums nutzt, mit einer rotempfindlichen kombinieren. Die spektralen Empfindlichkeiten der beiden Zellen addieren sich dann. Der Wirkungsgrad der Gesamtanordnung steigt, da jede der beiden Teilzellen für das von ihr verarbeitete Teilspektrum besser angepaßt werden kann als dies bei einer Einfachzelle möglich ist. Neben Tandemzellen mit zwei Schichten wird auch an der Entwicklung von Solarzellen mit mehr als zwei Schichten gearbeitet. Beispielsweise existieren als Labormuster bereits Dreifach-Zellen, d. h., die Solarzelle besteht aus drei übereinanderliegenden, untereinander verschalteten Schichten. Der derzeit mit Mehrfachzellen erreichbare Wirkungsgrad liegt bei über 30 %. Der Schichtaufbau und die Verschaltung sind bei diesen Zellen äußerst kompliziert und nur sehr schwer zu realisieren. Dies führt zwangsläufig zu hohen Herstellungskosten von Tandem- bzw. Mehrfachzellen.

Genau wie die bereits beschriebenen Solarzellen aus kristallinem Si liefern Solarzellen aus amorphem Si und anderen Halbleitermaterialien sowie die Tandem- bzw. Mehrfachzellen ausschließlich Gleichspannung (DC)[9]. Sie werden gegenwärtig nur für spezielle Anwendungen eingesetzt, bzw. sie befinden sich noch im Stadium der Laborentwicklung. Letzteres gilt vor allem für die Tandem- und Dreifachzellen. Nur von den a-Si-Solarzellen sind derzeit bereits einige Anlagen im Kilowatt-Bereich bekannt. Allgemein gilt daher,

---

[9] Gleichspannung; eine elektrische Spannung, die im Gegensatz zu einer Wechselspannung einen stets in die gleiche Richtung fließenden elektrischen Gleichstrom verursacht. Auch im deutschen Sprachraum ist die Bezeichnung DC (von engl. direct current) üblich.

daß von technischer Bedeutung derzeit nur Solarzellen aus kristallinem Silicium sind. An ihrem Beispiel werden im folgenden die zur Charakterisierung von Solarzellen notwendigen Kenngrößen kurz erläutert.

2.3   Charakteristische Größen von Solarzellen

Leerlaufspannung (U_{OC} *oder* V_{OC}[10]) - kristalline Solarzellen liefern bei Bestrahlung ohne angeschlossene Verbraucher eine Gleichspannung, die bereits bei geringer Einstrahlung schnell auf ihren Endwert von 0,5 ... 0,6 V ansteigt. Nach Erreichen dieses Wertes ist die Leerlaufspannung nur noch geringfügig von der jeweiligen Einstrahlung abhängig (Abb. 14). Sie wird allerdings stark von der Temperatur der Solarzellen beeinflußt. Allgemein gilt, daß die Spannung um ca. 0,4 %/K sinkt [39].
Für die Auslegung von Photovoltaikanlagen ist dieser Effekt äußerst wichtig, da sich, in Abhängigkeit von der konkreten Einstrahlung und der Art der Montage der jeweiligen Anlage, die Solarzellen bis auf über 30 K gegenüber der Umgebungstemperatur erwärmen können. Dies entspricht dann immerhin einer Reduzierung der Spannung und damit letztendlich der Leistung um bis zu 12 %.

Kurzschlußstrom (I_{SC}) - der Strom der Solarzellen ist in weiten Grenzen proportional zur Einstrahlung (Abb. 14). Im Gegensatz zur Leerlaufspannung ist der Kurzschlußstrom weit weniger temperaturabhängig. Es gilt, daß der Strom um ca. 0,07 %/K steigt [39].

---

[10] oc = open circuit (engl.) = unterbrochener Stromkreis, Leerlauf.

Leistung (P_{max}) - die abgegebene Leistung einer Solarzelle ist das Produkt aus Stromstärke und Spannung.

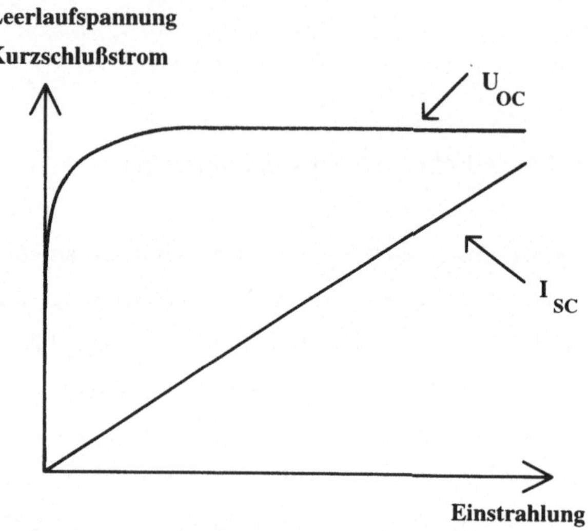

Abb. 14   Schematische Darstellung von Leerlaufspannung und Kurzschlußstrom einer Solarzelle in Abhängigkeit von der Einstrahlung [39]

Maximum Power Point (MPP) - er bezeichnet den Punkt, bei dem der aus mehreren Solarzellen bzw. Solarmodulen verschaltete Solargenerator (vgl. Abschn. 2.4) bei einer bestimmten Einstrahlung seine maximale Leistung abgeben kann (Abb. 15). Vor allem in PV-Anlagen im Kilowattbereich wird desöfteren ein Maximum-Power-Point-Tracker (MPPT) eingesetzt. Dieser elektronische Anpassungswandler sorgt dafür, daß der Solargenerator immer im MPP betrieben wird. Bei modernen Wechselrichtern ist der MPPT in das Gerät integriert (Abschn. 4.2). Ein gesonderter MPPT ist damit nicht erforderlich [39].

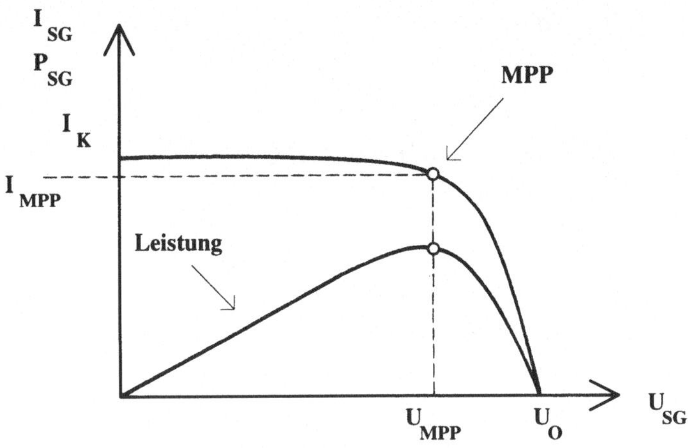

Abb. 15   Leistungskurve und Punkt maximaler Leistung (MPP) [39]

Füllfaktor (FF) - wie eben gezeigt, ist die maximal einer Solarzelle zu entnehmende Leistung (P_{max}) proportional zum Produkt aus Kurzschlußstrom (I_{SC}) und Leerlaufspannung (U_{OC}). Diese Proportionalitätszahl nennt man Füllfaktor [39]. Er berücksichtigt zusätzlich noch den Einfluß von zwei inneren Verlustwiderständen der Solarzelle, auf die hier aber nicht weiter eingegangen werden soll. Bei kristallinen Solarzellen liegt der Füllfaktor etwa bei einem Wert von 0,7...0,8.

Wirkungsgrad - Der Wirkungsgrad η ist die wichtigste Größe einer Solarzelle (vgl. Tab. 1). Er sagt aus, welcher Anteil der auf die Solarzelle treffenden Strahlungsenergie des Lichtes in Strom umgewandelt wird. In diesem Zusammenhang ist noch zu erwähnen, daß die charakteristischen Daten einer Solarzelle generell unter international festgelegten Bedingungen, den Standard-Test-Bedingungen (STC)[11], im Labor gemessen werden.

---

[11] STC - Standard Test Conditions.

Die STC beinhalten:

- Bestrahlungsleistung von 1000 W/m²,
- Temperatur der Solarzelle von 25 °C,
- Sonnenspektrum bei AM1,5-Bedingungen [12].

Nur wenn diese drei Bedingungen zur gleichen Zeit gemeinsam vorhanden sind, erreichen Solarzellen bzw. Solarmodule die in den Datenblättern der Hersteller angegebene Leistung, wobei auch dann häufig Toleranzen von ± 10 % zu verzeichnen sind. Dies ist wichtig zu wissen, da die realen Einsatzbedingungen, unter denen Photovoltaikanlagen arbeiten, fast immer von den STC abweichen.

So erreicht beispielsweise die Bestrahlungsleistung in der freien Natur nur unter ganz bestimmten Voraussetzungen (klarer Sommertag) und meist auch nur für kurze Zeit den Wert von 1000 W/m² (s. Abschn. 3.1). Die in den STC enthaltene Temperatur der Solarzellen von 25 °C entspricht den Bedingungen eines klaren Wintertages. Daß sich Solarzellen infolge der Einstrahlung ganz erheblich über diese Temperatur erwärmen können und welche Auswirkungen diese Erwärmung hat, wurde bereits erwähnt. Und schließlich entsprechen auch die spektralen Bedingungen der Sonnenstrahlung nur zu einer bestimmten Jahreszeit (klarer Frühlingstag) dem in den STC enthaltenen AM1,5. Wenn man so will, geben die STC ideale, aber eigentlich unrealistische Einsatzbedingungen für die Solarzellen wider.

Spektrale Empfindlichkeit - in Abhängigkeit von der verwendeten

---

[12] AM - Air Mass, Bezeichnung für bestimmte definierte spektrale Bedingungen des Sonnenlichtes. Als Referenz dient die spektrale Strahlungsintensität der Sonne außerhalb der Erdatmosphäre (AM0).

Herstellungstechnologie und vom Material besitzen Solarzellen eine unterschiedliche Empfindlichkeit für die einzelnen spektralen Bereiche des auf sie treffenden Lichts.

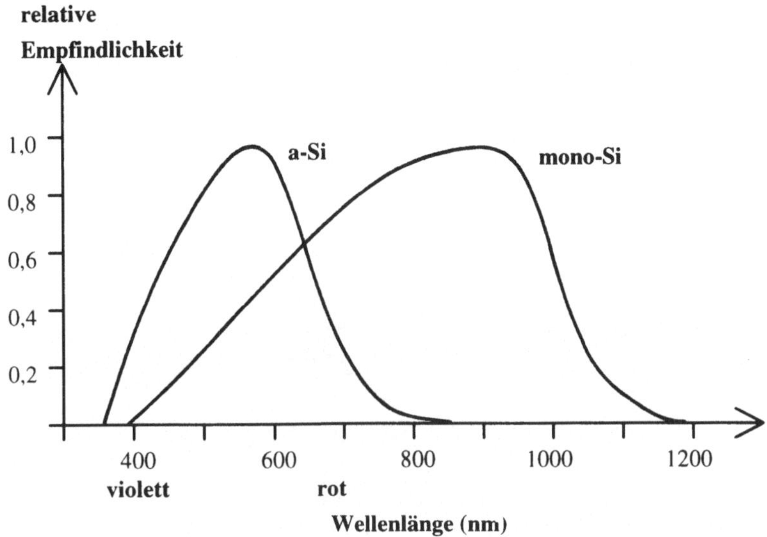

Abb. 16   Relative spektrale Empfindlichkeit von amorphen und kristallinen Solarzellen [36]

Während das menschliche Auge nur den Bereich des Spektrums zwischen 380 nm (violett) und 780 nm (dunkelrot) als sichtbares Licht wahrnimmt, weisen die Solarzellen einen weitaus höheren Empfindlichkeitsbereich auf. So haben kristalline Si- Solarzellen eine höhere spektrale Empfindlichkeit im langwelligen Bereich; die größte spektrale Empfindlichkeit einer a-Si-Solarzelle liegt dagegen im Bereich des sichtbaren Lichts (Abb. 16).

2.4   Solarmodul und Solargenerator

Die derzeit üblichen kristallinen Solarzellen von 100 x 100 mm Größe geben bei voller Einstrahlung eine Leistung von 1 bis 1,5 Watt bei einem Strom von etwa 2,5 bis 2,8 A ab. Teilweise wird auch ein Strom von mehr als 3,0 A erreicht. Um unter diesen Bedingungen zu technisch nutzbaren Leistungen zu gelangen, ist es notwendig, mehrere Solarzellen zu einem Solarmodul zu verschalten.

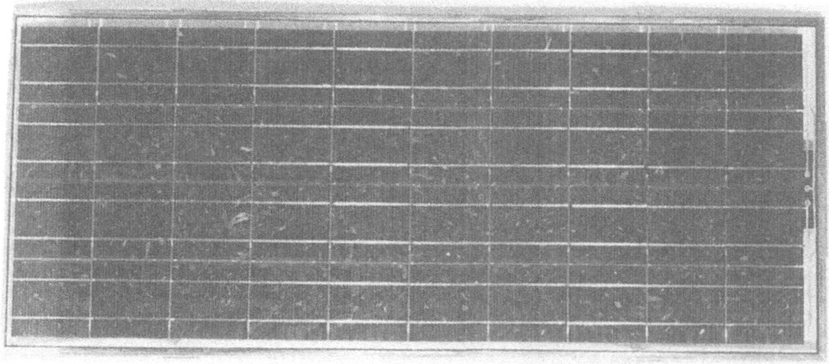

Abb. 17   Standardmodul MQ 36 (ASE)

Zur Herstellung eines Standardmoduls werden in der Regel zwischen 30 und 40 Solarzellen in Reihe geschaltet. Bei dieser Schaltungsart bleibt der Strom konstant, während sich die Teilspannungen addieren. So ergibt sich für ein solches Modul eine Leerlaufspannung von ca. 15 bis 24 V. Die besonders häufig eingesetzten Standardmodule (z. B. M55 von Siemens oder MQ 36 der DASA - jetzt ASE) haben bei einer Fläche von etwa einem halben Quadratmeter jeweils eine Leistung von rund 50 Wp (Abb. 17).

Für Anwendungen, bei denen höhere Leistungen erforderlich sind oder bei denen aus gestalterischen Gründen, beispielsweise für die Integration des Solargenerators in eine Gebäudefassade, größere Modulflächen gewünscht werden, bieten die Hersteller heute auch nach Kundenwünschen gefertigte Module an. Deren Abmessungen liegen deutlich über denen der Standardmodule. Ihre Nennleistungen können bis zu einigen 100 Watt betragen. Zu den Standardprodukten gehören mittlerweile auch Solardachziegel, die eine bessere Integration des Solargenerators in Gebäudedächer ermöglichen, als dies bei den normalen Standardmodulen der Fall ist (Abb.18).

Abb. 18   Dachintegrierte PV-Anlage mit Solardachziegeln in der Schweiz

Die Herstellung des Solarmoduls aus einzelnen Solarzellen ist ein mehrstufiger Prozeß. Dabei erfolgt zunächst die elektrische Verschaltung der einzelnen Solarzellen. In einem nächsten Schritt wird dieser Solarzellen-Verbund mit einer hochtransparenten Kunststoffolie umhüllt. Und abschließend bettet man das Ganze zum Schutz vor Umwelteinflüssen zwischen zwei Glasplatten (Abb. 19).

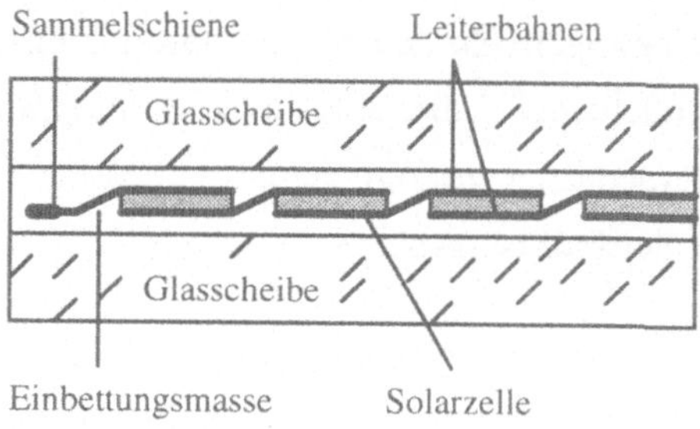

Abb. 19   Schematischer Querschnitt durch ein Solarmodul

Überwiegend wird für die Frontabdeckung der Module gehärtetes eisenarmes Spezialglas als Schutz gegen Hagelschlag und andere Einwirkungen verwendet. Die Rückseite besteht aus einfachem Glas oder Kunststoff. Zugleich erfolgt die Herausführung des Anschlußkabels für das Modul in Form einer Anschlußdose oder eines Kabels. Nahezu alle Fertigungsschritte bei der Rahmung eines Solarmoduls erfolgen derzeit noch in Handarbeit (Abb. 20).

Die meisten der gegenwärtig gefertigten Standardmodule sind mit einem Metallrahmen aus Edelstahl oder Aluminium versehen. Vor allem bei den kundenspezifischen Modulen und bei Elementen, die für eine Fassadenintegration vorgesehen sind, gibt es aber auch Modelle ohne Rahmen. Unabhängig davon muß bei allen Solarmodulen besonderer Wert auf eine gute Abdichtung der Modulkanten gelegt werden.

Abb. 20   Rahmung von Standardmodulen aus kristallinem Silicium

Nur so ist gewährleistet, daß auch unter rauhen Einsatzbedingungen
kein Wasser bzw. Wasserdampf in die Module eindringt. Wäre dies
der Fall, käme es möglicherweise zu einer Delamination der Module,
d. h., die hochtransparente Schutzfolie löst sich ab oder es kommt zur
Korrosion der Verbindungen zwischen den einzelnen Solarzellen. Auf

jeden Fall wäre damit eine erhebliche Beeinträchtigung der Leistungsfähigkeit der Solarmodule verbunden. Das gilt auch für in Kunststoff laminierte Module, bei denen die vorder- und die rückseitige Abdeckung aus hochtransparentem Kunststoff bestehen. Sie werden ebenfalls für spezielle Anwendungsfälle gefertigt.

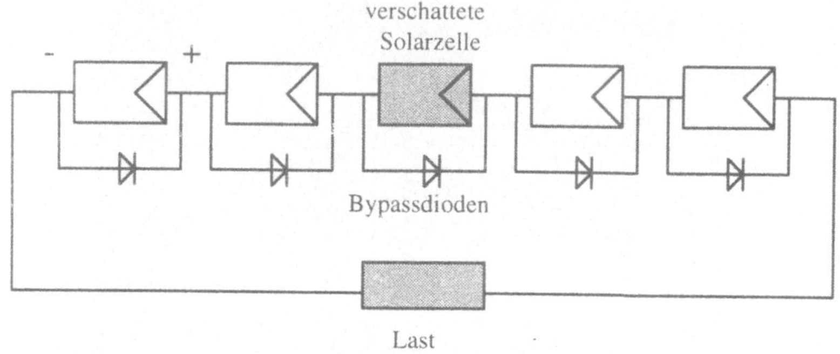

Abb. 21   Reihenschaltung von Solarzellen [39]

Auf ein spezielles Problem der bei den Modulen üblichen Reihenschaltung soll noch verwiesen werden. Bei ihr wird die elektrische Energie des gesamten Moduls dort frei, wo sich im Stromkreis ein Widerstand befindet. Ein solcher Widerstand ist auch eine nicht von der Sonne beschienene (verschattete) Solarzelle. Sie wirkt in diesem Falle wie ein angeschlossener Verbraucher. Unter besonders ungünstigen Bedingungen kann sich diese Solarzelle dabei so stark überhitzen, daß sie zerstört wird. Um einen solchen Effekt auszuschließen, werden in den Solarmodulen sogenannte Freilaufdioden vorgesehen. Ist eine Solarzelle verschattet, so ermöglichen sie gewissermaßen eine Umleitung der elektrischen Energie. Diese fließt nicht mehr durch die verschattete Solarzelle, sondern um diese herum (Abb. 21). Überhitzung und mögliche Zerstörungen bleiben aus. Die Freilaufdioden werden wegen dieser Überbrückungsfunktion häufig auch Bypassdioden[13] genannt. Im Idealfall sollte für jede Solarzelle im Modul eine Bypassdiode vorhanden sein. In der Praxis genügt aber meist eine für 15 bis 20 Solarzellen. In einigen Fällen ist sogar nur eine einzige Bypassdiode im Modul integriert.

In der praktischen Nutzung der Photovoltaik sind meist höhere Leistungen erforderlich als sie ein einziges Solarmodul bereitstellen kann. Daher ist eine Verschaltung von mehreren Solarmodulen zu einem Solargenerator erforderlich. Der Begriff Generator ist dabei etwas irreführend, da es sich hier natürlich nicht um einen herkömmlichen Generator handelt, wie er beispielsweise in Kraftwerken eingesetzt wird. Die Bezeichnung soll nur verdeutlichen, daß ein Solargenerator elektrische Leistungen im technisch nutzbaren Bereich bereitstellen kann.

Vom Solarmodul zum Solargenerator kann man auf zwei verschiedenen Wegen gelangen. Zum einen lassen sich Solarmodule in gleicher Weise wie einzelne Solarzellen in Reihe zu einem String[14] schalten. Es gilt wiederum, daß die Höhe des Stromes konstant bleibt, während sich die Teilspannungen der einzelnen Module addieren. Generell zu beachten ist dabei die eben getroffene Feststellung, daß bei einer Reihenschaltung das schlechteste Glied der Reihe, sprich Solarzelle oder Solarmodul, die Qualität der gesamten Anordnung bestimmt. Daher sollte man niemals Module unterschiedlicher Hersteller oder Herstellungstechnologien miteinander in Reihe verschalten. Selbst zwischen den einzelnen Chargen ein und desselben Herstellers gibt es gelegentlich Unterschiede im Wirkungsgrad der Solarzellen oder Solarmodule.

---

[13] bypass (engl.) = Umgehungsstraße, Nebenleitung.
[14] string (engl.) = Schnur, Kette, Faden; Die Bezeichnung String für mehrere in Reihe geschaltete PV-Module hat sich im deutschen Sprachgebrauch eingebürgert.

Diese Abweichungen untereinander bezeichnet man als Mismatch[15]. Wichtig ist weiterhin, daß es zu keiner teilweisen oder gar völligen Verschattung einzelner Solarzellen bzw. Solarmodule kommt (vgl. Abschn. 3). Dadurch würde sich der Wirkungsgrad der Umwandlung der Strahlungsenergie in elektrische Energie deutlich verringern. Ein Effekt, der natürlich unerwünscht ist. Häufig ist in den Strang hintereinander verschalteter Solarmodule noch eine Strangdiode integriert. Sie hat eine ähnliche Funktion wie die bereits beschriebene Bypassdiode, d. h., sie verhindert das Auftreten von Rückströmen in den Strang für den Fall, daß eines oder mehrere der zum Strang gehörenden Module teilweise oder völlig verschattet sind. Allerdings arbeitet bereits eine große Anzahl von PV-Anlagen auch ohne Strangdioden einwandfrei. Ja man muß sogar davon ausgehen, daß der Ausfall von Strang- und auch Bypassdioden ein größeres Problem darstellt als ihr Fehlen [39].

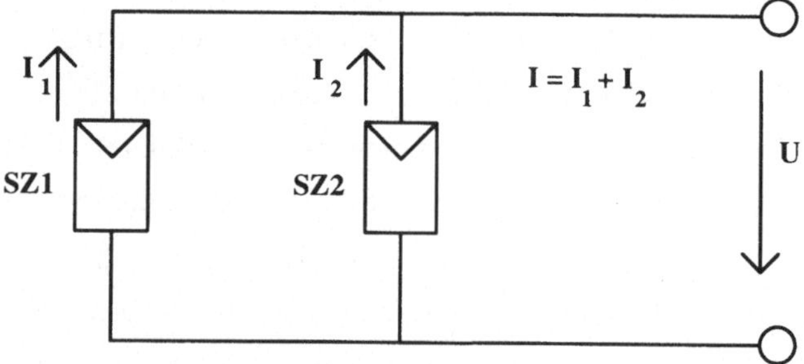

Abb. 22   Parallelschaltung von Solarzellen bzw. Solarmodulen [39]

Benötigt man in einem System höhere Ströme, so läßt sich dies durch die Parallelschaltung von Solarmodulen erreichen. Dies gilt übrigens

---

[15] mismatch (engl.) = Fehlanpassung.

auch für einzelne Solarzellen, wenn, beispielsweise für kundenspezifische Lösungen, von vornherein Solarmodule mit höheren Strömen gewünscht werden. Bei einer Parallelschaltung liegt an allen Zellen bzw. Modulen die gleiche Spannung an, während sich die Teilströme addieren (Abb. 22).

Das konkrete Verschaltungskonzept eines Solargenerators, d. h., wie viele Module zu einem String und wie viele Strings parallel verschaltet werden können, hängt in hohem Maße von der Spannungsebene der angeschlossenen DC-Verbraucher bzw. von der Eingangsspannung des jeweils eingesetzten Wechselrichters ab (Abschn. 4.2). Gegebenenfalls wird zur Anpassung des Gleichspannungsniveaus des Solargenerators an das Spannungsniveau des Wechselrichters oder angeschlossener Gleichspannungs-Verbraucher aber auch der Einsatz eines DC-DC-Wandlers erforderlich. Sein Aufbau und seine Funktionsweise sollen allerdings nicht näher erläutert werden.

Da bei der Photovoltaik die Strahlungsenergie des Lichtes, und hier vor allem die des Sonnenlichtes, direkt in Elektroenergie umgewandelt werden soll, haben natürlich die Einstrahlungsbedingungen an den jeweils vorgesehenen Standorten der photovoltaische Anlagen eine ausschlaggebende Bedeutung. Nachfolgend wollen wir uns daher etwas näher mit den Besonderheiten der Sonnenstrahlung befassen.

3 Die Sonnenstrahlung

Die Sonne ist eine gewaltige strahlende Gaskugel von rund 1,390 Mill. km Durchmesser, an deren Oberfläche eine Temperatur von etwa 6.000 °C herrscht. Im Inneren steigt diese bis auf ungefähr 15 bis 20 Mill. °C an. Auch Druck und Dichte der Gase nehmen zum Zentrum der Sonne hin zu. Dort sind sie dann so hoch, daß es zur Kernfusion kommt, d. h., über verschiedene Zwischenstufen verschmelzen letztendlich vier Wasserstoffatome zu einem Heliumkern.

Die Sonne ist also von der Funktion her nichts anderes als ein gigantischer Fusionsreaktor, in dem in jeder Sekunde 600 Mill. t Wasserstoff in Helium umgewandelt werden. Schon seit etwa 5 Mrd. Jahren laufen diese thermonuklearen Reaktionen ab, bei denen ständig riesige Energiemengen freigesetzt werden. Sie gelangen in Form elektromagnetischer Strahlung langsam zur Sonnenoberfläche und werden dann radial in den Weltraum abgestrahlt. Dadurch verliert die Sonne in jeder Sekunde $4,3 \cdot 10^6$ t an Masse. Bedenkt man aber, daß die Gesamtmasse der Sonne rund $2 \cdot 10^{27}$ t beträgt, so läßt sich leicht erkennen, daß sie noch über weitere Milliarden Jahre hinweg Energie abstrahlen wird.

3.1 Bestrahlungsleistung

Die rund 150 Mill. km entfernte Erde empfängt von der auf der Sonne freigesetzten und abgestrahlten Energiemenge nur einen verschwindend kleinen Teil, nämlich nur etwa ein Milliardstel. Aber für sich betrachtet, ist dieser winzige Betrag dennoch ganz beträchtlich. Immerhin sind es pro Jahr rund 10^{18} kWh, was in etwa dem 15.000fachen des derzeitigen Energieverbrauchs der Erde entspricht.

Außerhalb der Erdatmosphäre beträgt die Intensität oder besser Leistung der Sonnenstrahlung auf eine senkrechte Fläche 1,335 kW/m² ± 0,021 kW/m². Dieser Wert wird als *Solarkonstante* bezeichnet. Die angegebene Schwankungsbreite resultiert vor allem aus dem veränderlichen Abstand der Erde von der Sonne.

Auf ihrem Weg zur Erdoberfläche wird bereits in der Atmosphäre ein Teil der Sonnenstrahlung durch Wasserdampf, Ozon und Kohlendioxid absorbiert und in Wärme umgewandelt. Die sich daraus ergebende Wärmestrahlung auf die Erde wird als *atmosphärische Gegenstrahlung* bezeichnet.

Tabelle 2   *Bestrahlungsleistung und Diffusanteil bei verschiedenen Wetterverhältnissen*

Wetter	klarer, blauer Himmel	verdeckte Sonne, dunstig-wolkig	wolken-bedeckter Himmel
Bestrahlungsleistung (W/m²)	600...1.000	200...400	50...150
Diffusanteil (%)	10...20	20...80	80...100

Durch Streuung an Luftmolekülen, Staub- und Dunstteilchen in der Atmosphäre sowie durch die Reflexion an Wasserflächen, Bergen und Gebäuden, um nur einige Beispiele zu nennen, wird ein Teil der einfallenden Sonnenstrahlen umgelenkt. Der davon die Erdoberfläche erreichende Strahlungsanteil heißt *Diffusstrahlung*. Er kommt überwiegend gleichmäßig aus allen Himmelsrichtungen. Welche Bedeutung die Diffusstrahlung hat, wird daran erkennbar, daß ihr Anteil an der Bestrahlungsleistung selbst bei wolkenlosem Himmel bis zu 20 %

betragen kann. Dieser Anteil schwankt in Abhängigkeit von der Jahreszeit ganz erheblich und kann beispielsweise im Dezember in Mitteleuropa bis zu 80 % ausmachen (Tab. 2).

Schließlich gibt es noch jenen Teil der Sonnenstrahlung, der direkt und ohne Störungen zur Erde gelangt. Er wird daher als *direkte Strahlung oder Direktstrahlung* bezeichnet. Alle drei Strahlungsanteile zusammen ergeben die *Bestrahlungsleistung*. Ihre Einheit ist Watt bzw. Kilowatt pro Quadratmeter (W/m², kW/m²).

Der maximale Wert der Bestrahlungsleistung liegt, nahezu unabhängig von der geographischen Lage des betreffenden Ortes, bei etwa 1.000 W/m². Ihre konkrete Höhe ist allerdings von der Tageszeit bzw. der Jahreszeit (Höhe des Diffusanteiles) abhängig und wird zusätzlich noch in erheblichem Maße von den aktuellen meteorologischen Gegebenheiten an dem betreffenden Standort beeinflußt. Dabei sind Schwankungen zwischen 50 W/m² (bei starker Wolkenbedeckung) und dem Maximalwert von 1.000 W/m² (bei wolkenlosem Himmel) auch innerhalb eines Tages keine Seltenheit (Tab. 2). Generell gilt daher, daß das Strahlungsangebot der Sonne stark diskontinuierlich und nur bis zu einem gewissen Grade vorhersagbar ist.

Gemessen wird die Bestrahlungsleistung meist mit einem Pyranometer. Für spezielle Fälle, vor allem in Test- und Versuchsanlagen, kommt auch ein Schattenringpyranometer zum Einsatz. Mit ihm läßt sich der Anteil der diffusen Strahlung ermitteln. Auf eine Erläuterung des Aufbaus und des Funktionsprinzips der beiden Geräte wird hier mit Absicht verzichtet. Pyranometer verwendet insbesondere der meteorologische Dienst für seine Messungen der Bestrahlungsleistung. Zur Strahlungsmessung in PV-Anlagen, vor allem für Messungen der Bestrahlungsleistung in der Modulebene, werden häufig Solarimeter bzw. spezielle Sensoren eingesetzt. Als Beispiel sei hier der ESTI[16]-Sensor genannt, der in Deutschland insbesondere im Rahmen des Bund-Länder-1000-Dächer-Photovoltaik-Programms verwendet wird (vgl. Abschn. 5.1). Es handelt sich dabei um spezielle, kalibrierte Solarzellen. Für Messungen, bei denen eine gewisse Meßungenauigkeit keine allzu große Rolle spielt, können auch einfache Photodioden verwendet werden.

3.2   Strahlungsenergie

Wird die Bestrahlungsleistung über einen bestimmten Zeitraum integriert, so erhält man die Strahlungsenergie mit der Einheit Wattstunde oder Kilowattstunde pro Quadratmeter (Wh/m², kWh/m²). Die Strahlungsenergie wird meist unter der Bezeichnung Globalstrahlung in Kilowattstunden pro Quadratmeter für den betrachteten Zeitraum (Tag, Monat, Jahr) angegeben [kWh/m²(Zeitraum)]. Von Bedeutung ist schließlich noch, ob die Werte für die Strahlungsenergie [kWh/m²(Zeitraum)] und für die Bestrahlungsleistung (W/m²; kW/m²) auf einer horizontalen oder auf einer geneigten Fläche gemessen wurden. Ist letzteres der Fall, müssen mit den Werten auch der Neigungswinkel der bestrahlten Fläche gegen die Horizontale und die Orientierung in der Himmelsrichtung angegeben werden. Die Meß-

---

[16] ESTI; von European Solar Test Installation. Es handelt sich dabei um eine Abteilung des Joint Research Center (JRC) der Europäischen Union in Ispra (Italien).

werte des Meteorologischen Dienstes werden stets auf die horizontale Fläche bezogen. In welchem Umfang die beiden Werte voneinander abweichen, hängt im wesentlichen vom Neigungswinkel und der Ausrichtung der betreffenden Fläche ab und soll hier nicht weiter untersucht werden.

Zugegeben, eine beträchtliche Vielfalt an Begriffen. Da aber im allgemeinen Sprachgebrauch häufig sowohl für die Bestrahlungsleistung als auch für die Strahlungsenergie die Begriffe "Strahlung" oder "Globalstrahlung" verwendet werden, war dieser kleine Abstecher notwendig. Zumal die absoluten Werte von Bestrahlungsleistung und Strahlungsenergie für Deutschland kaum voneinander abweichen. Als Faustregel gilt nämlich:

- Bestrahlungsleistung, max. 1.000 W/m²,
- Mittelwert der jährlichen Strahlungsenergie, etwa 1.000 kWh/m².

In der Praxis kommt es daher immer wieder zu Verwechslungen der beiden Begriffe und damit gelegentlich auch zu falschen Aussagen.

Wie bereits erwähnt, beträgt der Mittelwert der jährlichen Strahlungsenergie oder Globalstrahlung für die Bundesrepublik Deutschland ca. 1.000 kWh/m². Er wird häufig publiziert und gelegentlich auch für überschlägige Rechnungen bei der technischen Auslegung von Photovoltaikanlagen sowie anderer Anlagen zur Nutzung der Solarenergie bzw. für entsprechende Potentialabschätzungen angesetzt. Dieser Mittelwert spiegelt aber die tatsächlichen Einstrahlungsverhältnisse an verschiedenen Orten nur ungenügend wider. Wie Abb. 23 zeigt, lagen beispielsweise im Jahre 1993 die Jahreswerte der Globalstrahlung von Bremen um 30 % unter denen von Freiburg.

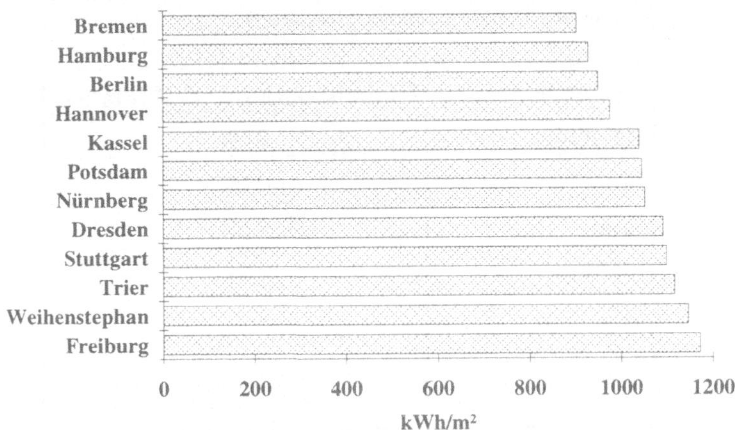

Abb. 23   Jahreswerte der Globalstrahlung im Jahre 1993 für 12 verschiedene
Standorte in der Bundesrepublik Deutschland

Aus Abb. 23 ist auch zu erkennen, daß es im Jahre 1993 von Nord-
nach Süddeutschland eine deutliche Zunahme der Jahreswerte der
Globalstrahlung gab. Dieser Anstieg der Globalstrahlung setzt sich,
auch bezogen auf das langjährige Mittel der Höhe der Globalstrahlung, bis zum Äquator fort (Tab. 3). Allerdings wird ihr Jahreswert
nicht ausschließlich davon beeinflußt, wie weit südlich ein Ort liegt.
Hier wirken auch sehr stark die meteorologischen Faktoren und geo-
graphische Gegebenheiten des jeweiligen Standortes ein. So schwan-
ken beispielsweise die Werte der täglichen Globalstrahlung auf dem
Nördlichen Wendekreis (22° Nördlicher Breite) zwischen 4 kWh/m²
über dem Pazifik und 6 kWh/m² in Teilen Nordafrikas und Kaliforni-
ens. Ähnliches ist auch in anderen Gebieten der Erde zu beobachten.
Der Maximalwert der jährlichen Globalstrahlung liegt bei etwa
2.500 kWh/m² und wurde u. a. in bestimmten Gebieten der Sahara, in
der Arabischen Wüste sowie in der Mojavewüste (USA) gemessen.

Tabelle 3   *Jahreswerte der Globalstrahlung auf eine horizontale Fläche für verschiedene Standorte (langjähriges Mittel)*

Standort	Globalstrahlung (kWh/m²a)
Hamburg	978
München	1.088
Wien	1.120
Freiburg	1.200
Marseille	1.860
Israel	2.000
Sahara	2.200...2.500

Jedoch nicht nur die territorialen Unterschiede in der Globalstrahlung sind von Bedeutung. Unterschiede ergeben sich ebenso in ihrer Verteilung über das gesamte Jahre hinweg. Abb. 24 zeigt zur Veranschaulichung den Jahresgang des Monatsmittels der täglichen Globalstrahlung im Jahre 1993 für die Orte Hamburg (HH), Dresden (DD) und Freiburg (FR). In Mitteleuropa sind zwischen November und Januar die Monatsmittel der täglichen Globalstrahlung etwa fünfmal geringer als in den Sommermonaten.

Generell kann man sagen, daß in unseren Breiten etwa 75 % der jährlichen Globalstrahlungssumme in den sonnenreichen Monaten Juni bis August zu erwarten sind. Dies hat, wie wir noch sehen werden, insbesondere für die konkrete technische Auslegung von photovoltaischen Systemen eine erstrangige Bedeutung. An dieser Stelle soll vorab nur vermerkt werden, daß das von Natur aus diskontinuierliche Strahlungsangebot der Sonne (u. a. tägliche und saisonale Schwankungen, Einflüsse des konkreten Wetterverlaufes) Maßnahmen erforderlich machen, die trotzdem eine möglichst kontinuierliche Ver-

sorgung der angeschlossenen Verbraucher mit Elektroenergie gewährleisten.

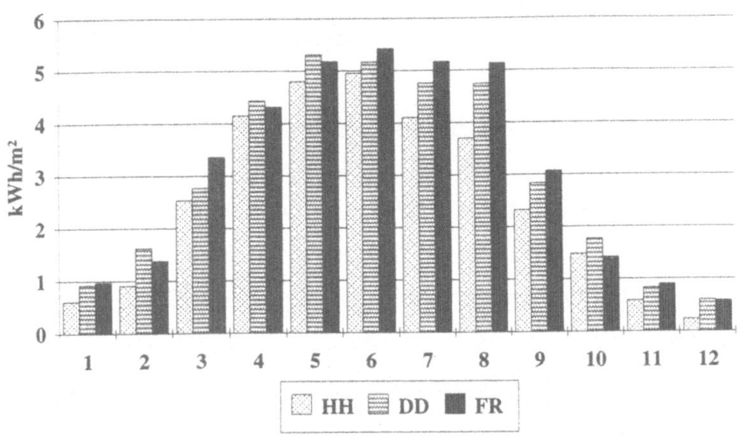

Abb. 24   Jahresgang des Monatsmittels der täglichen Globalstrahlung (kWh/m²)
im Jahre 1993 für drei ausgewählte deutsche Standorte

In den sonnenreichen Gebieten unseres Erdballs, insbesondere im
äquatornahen Raum, ist das tägliche und saisonale Strahlungsangebot
der Sonne viel ausgeglichener. Die Fragen der Speicherung stehen
dort bei vielen Einsatzfällen nicht unbedingt im Vordergrund.
Selbst in Gebieten, die eine hohe Globalstrahlung aufweisen, ist die
Energiedichte der Sonnenstrahlung im Vergleich zu den bekannten
fossilen Energieträgern wie Kohle, Erdöl oder Erdgas gering. So entspricht in Mitteleuropa die Energie, die während eines schönen Som-
mertages auf eine optimal ausgerichtete Empfängerfläche von 1 m²
fällt, in etwa der Energiemenge von einem Liter Heizöl. Ein ver-
gleichsweise bescheidener Wert, der sich noch verringert, wenn die
Empfängerfläche einer Solaranlage, beispielsweise eines Solargenerators, nicht nach bestimmten Kriterien zur Sonne ausgerichtet ist. Wel-

che Kriterien das sind und was unter der optimalen Ausrichtung eines Solargenerators zu verstehen ist, soll im folgenden Abschnitt behandelt werden.

3.3   Sonnenstand und optimale Ausrichtung

Die Höhe des Sonnenstandes oder besser der zu einer bestimmten Zeit an einem bestimmten Ort zu verzeichnende Sonnenhöhenwinkel α wird nicht nur von der geographischer Lage des betreffenden Ortes beeinflußt, sondern er ändert sich für den jeweiligen Standort sowohl im Verlaufe des Jahres als auch über den einzelnen Tag hinweg ständig. Es gilt daher:

α = f (geographischer Breite φ, Jahreszeit δ, Tageszeit β).

Seine Berechnung erfolgt gemäß der Formel:

$$\sin\alpha = \cos\beta \cdot \cos\varphi \cdot \cos\delta + \sin\varphi \cdot \sin\delta$$

- mit dem Stundenwinkel β, der sich errechnet aus

$$\beta = 180° - \frac{t}{h} \cdot 15°,$$

- dem Winkel der geographischen Breite φ des betreffenden Ortes,
- dem Deklinationswinkel δ, der sich errechnet aus

$$\delta = 23,45° \cdot \sin\left(360° \cdot \frac{284+d}{365}\right).$$

Mit der eben genannten Formel kann der Sonnenhöhenwinkel für jeden beliebigen Ort der Erde und für jede beliebige Stunde ermittelt werden. Für den Süden der Bundesrepublik Deutschland (48° nördlicher Breite) schwankt der maximale Sonnenhöhenwinkel (jeweils 12.00 Uhr Sonnenzeit) zwischen 65,5° am 21. Juni und 18,5° am 21. Dezember (Abb. 25).

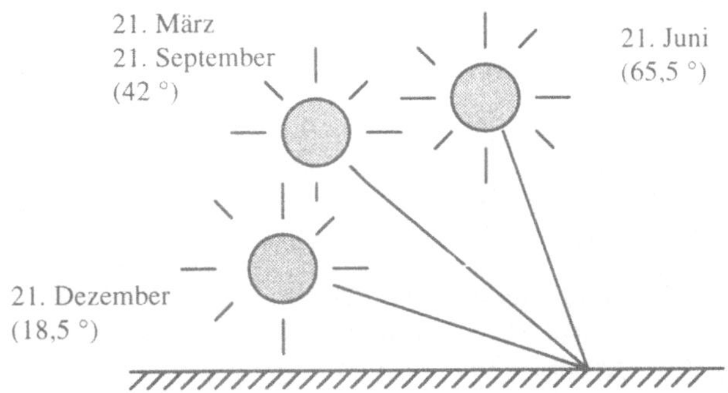

Abb. 25   Schematische Darstellung der Mittagssonnenhöhe an verschiedenen Tagen des Jahres (48° nördliche Breite)

Eine überschlägige Berechnung des Sonnenhöhenwinkels ist insbesondere für die Auslegung von größeren Solaranlagen von Bedeutung, da sich so Erkenntnisse über eine mögliche gegenseitige Verschattung von hintereinander angeordneten Solargeneratoren (oder Solarkollektoren für die thermische Nutzung der Solarenergie) gewinnen lassen. In Abschnitt 4.3 wird noch etwas mehr zu den Installationsmöglichkeiten von Solargeneratoren und den dabei zu beachtenden Randbedingungen gesagt. Dort findet sich auch eine Faustregel zur Ermittlung des erforderlichen Abstandes zwischen hintereinander angeordneten Solargeneratoren.

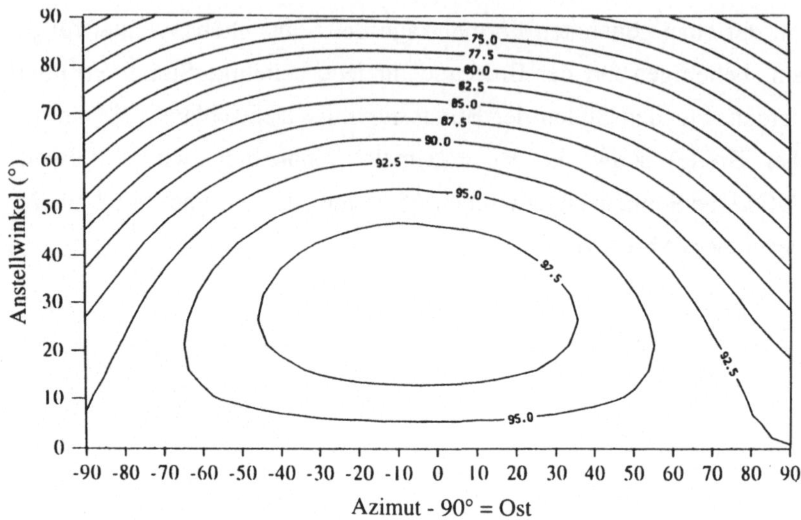

Abb. 26   Relative Einstrahlung (jährliche Globalstrahlungssumme) auf geneigte Flächen unterschiedlicher Ausrichtung für den Standort Freiburg (Quelle:FhG-ISE)

Welche Bedeutung hat dies nun für die optimale Ausrichtung einer Solaranlage im allgemeinen und für die eines Solargenerators im besonderen? Generell erweist sich eine Ausrichtung nach Süden als günstig, da so die Strahlung am Vormittag und am Nachmittag gleichermaßen genutzt werden kann. Dabei muß ein Solargenerator nicht exakt nach Süden (Azimut 0)[17] ausgerichtet sein. Abweichungen von bis zu 40° nach West oder Ost verringern die Einstrahlung nur um wenige Prozent (Abb. 26).

Die Neigung des Solargenerators gegenüber dem Horizont beeinflußt die auftreffende Direkt- und Diffusstrahlung in unterschiedlichem

---

[17] Azimut (von arab. as-sumut Wege, Richtungen); in der Astronomie der Winkel zwischen dem Südpunkt und dem Schnittpunkt des Vertikalkreises eines Gestirns mit dem Horizont; von Süden aus von 0° bis 360° gezählt. Azimut 0 ist damit die genaue Südausrichtung.

Maße. Der nutzbare Anteil der Diffusstrahlung ist bei einem geneigten Solargenerator geringer als bei einem flach auf der Erde oder einem Dach liegenden. Das kommt daher, daß die geneigte Fläche des Solargenerators nur noch einen Teil des Himmels "sieht". Je größer der Anstellwinkel, um so kleiner ist der nutzbare Anteil der diffusen Strahlung. Was die direkte Strahlung betrifft, so kann diese nur dann optimal genutzt werden, wenn der Solargenerator immer senkrecht zur Richtung der einfallenden Strahlung ausgerichtet ist. Je steiler der Winkel ist, mit dem die direkte Strahlung auf die Fläche des Solargenerators trifft, desto geringer ist die nutzbare Strahlungsleistung (Abb. 27).

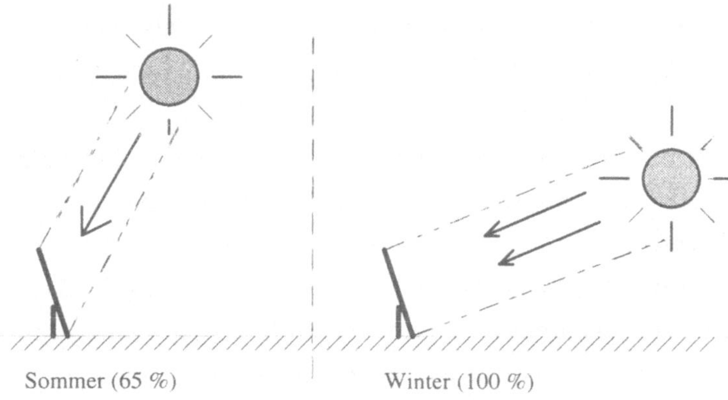

Abb. 27   Anteil der nutzbaren direkten Strahlung bei geneigtem Solargenerator zu unterschiedlichen Jahreszeiten

Wie bereits weiter oben beschrieben, steht die Sonne im Winterhalbjahr auch zur Mittagszeit flach über dem Horizont (geringer Sonnenhöhenwinkel). Zu dieser Zeit wäre ein großer Anstellwinkel günstig.

Dagegen erweist sich im Sommer eine geringere Neigung des Solargenerators als vorteilhafter; es gibt also hinsichtlich der optimalen Neigung eines Solargenerators einen Sommer- und einen Winterfall.

Als Konsequenz der vorstehenden Ausführungen könnte man nun ableiten, daß die optimale Ausrichtung eines Solargenerators nur dann gewährleistet ist, wenn er ständig in zwei Ebenen (Azimut und Elevation[18]) dem aktuellen Stand der Sonne nachgeführt wird. Das stimmt zwar vom Prinzip her, aber derartige nachgeführte PV-Anlagen erweisen sich im allgemeinen nur für solche Klimaregionen als sinnvoll, in denen der Anteil der direkten Strahlung sehr hoch ist. Dies trifft beispielsweise auf die Wüstenregionen in Nordafrika, den Nahen Osten und den Süden der USA zu. Allerdings kann auch unter mitteleuropäischen Verhältnissen durch die zweiachsige Nachführung von PV-Anlagen die für den Umwandlungsprozeß verfügbare Strahlungsleistung um ca. 30 % erhöht werden. Aber der technische Aufwand und der Energieverbrauch für diese Nachführungseinrichtungen sind relativ hoch. Meist wird der mit ihrem Einsatz mögliche zusätzliche Energiegewinn durch diesen Aufwand wieder kompensiert. Und unter dem Aspekt der zu erwartenden Kostenreduzierung für Solarzellen ist es letztendlich günstiger, eine um 30 % größere Solargeneratorfläche zu installieren als eine Nachführungseinrichtung anzuschaffen. Lediglich zu Forschungs-, Test- und Demonstrationszwecken findet man daher heute in Deutschland dem aktuellen Sonnenstand nachgeführte PV-Anlagen.

Unter den mitteleuropäischen Einsatzbedingungen ist man einen Kompromiß eingegangen: da nachgeführte Solaranlagen sehr teuer und

---

[18] Elevation (lat. "das Aufheben"); in der Astronomie die Höhe eines Gestirns. Im Fall des Solargenerators der Winkel aus der Horizontalen.

aufwendig sind, wird bei der festen Aufständerung der entsprechenden Solargeneratoren oder solarthermischen Anlagen von den Betriebsbedingungen des Systems ausgegangen. Der Neigungswinkel der betreffenden Anlagen wird dabei danach bestimmt, zu welcher Jahreszeit der höchste Energieertrag gewünscht wird (Tab. 4).

Tabelle 4   Anstellwinkel bei bestimmten Betriebsregimen

Betriebsregime	Anstellwinkel
maximaler Energieertrag im Jahre	30°
Optimierung für die Wintermonate	60°
gute Leistung in Frühjahr und Herbst	45°

Da für netzgekoppelte[19] photovoltaische Anlagen i. allg. ein maximaler Energieertrag über das gesamte Jahr hinweg gewünscht wird, sind ihre Solargeneratoren in der Regel nach Süden (Azimut nahe 0) ausgerichtet, bei einem Neigungswinkel (entspricht der Elevation) von etwa 30°. Bei sogenannten Inselsystemen[20] steht vor allem eine gesicherte Stromversorgung in den Wintermonaten im Mittelpunkt. Daher liegt hier der Neigungswinkel des südorientierten Solargenerators meist zwischen 45° und 60°. Gemäß Abb. 26 fallen aber Abweichungen von diesen meist als Standard vorgegebenen Werten bis zu einem bestimmten Maße nur unwesentlich ins Gewicht.

---

[19] Netzgekoppelte PV-Anlagen sind direkt mit dem öffentlichen Stromversorgungsnetz verbunden. Der gesamte erzeugte Strom oder auch die in dem jeweiligen System nicht benötigten Überschüsse werden in dieses Netz eingespeist (vgl. Kapitel 5).

[20] Im Gegensatz zu den netzgekoppelten PV-Anlagen sind Inselsysteme nicht an das öffentliche Netz angeschlossen. Sie stellen ein autarkes Energiesystem dar und werden daher i.allg. als Insellösungen oder Inselsysteme bezeichnet (vgl. Kapitel 5).

Bei der Installation von netzgekoppelten PV-Anlagen, insbesondere auf steilen Dachflächen, sollte daher nicht versucht werden, mit Hilfe von speziellen Konstruktionen und Vorrichtungen unbedingt einen Neigungswinkel des Solargenerators von 30° zu erreichen. In Abschnitt 4.3 werden einige Gesichtspunkte, die bei der Installation von PV-Anlagen auf Dächern zu beachten sind, gesondert behandelt.

Die bisher beschriebenen Solarmodule bzw. Solargeneratoren sind nur eine, wenn auch wesentliche Komponente eines Gesamtsystems, das die photovoltaischen Nutzung der Solarenergie ermöglicht. Vergegenwärtigen wir uns nochmals die folgenden Feststellungen.

- Das Strahlungsangebot der Sonne ist tageszeitlich und saisonal unterschiedlich und wird zudem stark von den aktuellen meteorologischen Bedingungen beeinflußt.
- Die Leistungsabgabe von Solargeneratoren wird direkt von den jeweiligen aktuellen Einstrahlungsbdingungen bestimmt. Schwankungen im Strahlungsangebot kann der Solargenerator nicht ausgleichen.
- Solarzellen bzw. Solarmodule und -generatoren liefern ausschließlich Gleichspannung.

Daraus läßt sich ableiten, daß zu einem Photovoltaiksystem neben dem Solargenerator noch weitere Komponenten gehören müssen. Mit ihnen wollen wir uns im nachfolgenden Kapitel befassen.

4 Systemkomponenten von PV-Anlagen

Zu den wichtigsten Komponenten einer PV-Anlage gehören, je nach deren Betriebsbedingungen (Kapitel 5), Vorrichtungen, die einen Ausgleich des von der Strahlung beeinflußten diskontinuierlichen Leistungsangebotes des Solargenerators ermöglichen (Speichervorrichtungen). Desweiteren ist, wenn technisch erforderlich, die vom Solargenerator gelieferte Gleichspannung in Wechselspannung umzuwandeln. Dies geschieht über einen Wechselrichter. Und schließlich zählen zu den Komponenten einer PV-Anlage auch Kabel und Leitungen sowie Vorrichtungen zur Befestigung des Solargenerators an einem Gebäude bzw. zu dessen Aufstellung auf Dächern oder zu ebener Erde. Unter welchen Bedingungen man die jeweiligen Systemkomponenten einsetzt, welche Aufgaben sie haben und wie sie im Prinzip funktionieren, soll im nachfolgenden Kapitel erläutert werden.

4.1 Speichersysteme

Aufgrund des bereits mehrfach angesprochenen diskontinuierlichen Strahlungsangebotes der Sonne und der meist vorhandenen zeitlichen Unterschiede zwischen eben diesem Energieangebot der Sonne und dem Energiebedarf der in dem System vorhandenen Verbraucher, gehören zu PV-Inselanlagen fast immer auch Speichervorrichtungen für die vom Solargenerator gelieferte Elektroenergie. Nur durch ihre Einbeziehung in das Inselsystem kann eine möglichst gleichmäßige Versorgung der angeschlossenen Verbraucher gewährleistet werden.

4.1.1 Batterie und Laderegler

Die gegenwärtig am häufigsten in PV-Anlagen eingesetzten Energiespeicher sind wiederaufladbare elektrochemische Akkumulatoren[21], die im allgemeinen Sprachgebrauch als Batterien bezeichnet werden. Mit ihnen wollen wir uns nachfolgend etwas ausführlicher beschäftigen. Dabei wird mit Absicht der eigentlich ungenaue Begriff Batterie beibehalten.

Ein wesentlicher Vorteil elektrochemischer Batterien gegenüber anderen Speichertechniken besteht in der durch sie gegebenen Möglichkeit des modularen Aufbaus des Speichersystems. Die kleinste Einheit einer solchen Batterie ist die wiederaufladbare Sekundärzelle, im Gegensatz dazu sind Primärzellen oder Primärelemente, die häufig auch als Batterien bezeichnet werden, nicht wiederaufladbar. Durch den modularen Aufbau der elektrochemischen Batterien ist eine flexible Größenanpassung an die jeweiligen Bedingungen eines Versorgungssystems gegeben. So lassen sich beispielsweise bei Bedarf mehrere handelsübliche Batterien problemlos zu einer Batteriebank zusammenschalten. Dabei bestimmt das gewünschte Speichervermögen die Anzahl der einzubindenden Batterien. Das Speichervermögen einer Batterie wird üblicherweise mit Kapazität bezeichnet und in Amperestunden (Ah) gemessen. Für die Batteriespeicher in PV-Systemen hat sich eingebürgert, auch die entnehmbare Energiemenge anzugeben. Die Größe lautet dann Wattstunden (Wh) oder Kilowattstunden (kWh). Will man überschlägig die für einen geplanten Batteriespeicher erforderliche Mindestkapazität ermitteln, so ist dazu zunächst die Leistung aller vorhandenen Geräte zu erfassen. Weiterhin ist die Versorgungs-

---

[21] Akkumulator von lat. accumulare = anhäufen.

oder Einschaltdauer der Geräte je Tag, unter Berücksichtigung des Gleichzeitigkeitsfaktors (mehrere Geräte bleiben über den gleichen Zeitraum hinweg eingeschaltet), zu ermitteln. Sind diese Werte vorhanden, kann die täglich erforderliche Strommenge errechnet werden, indem man die Leistung der Geräte durch die in dem System vorhandene Betriebsspannung (V) dividiert und den erhaltenen Wert mit der täglichen Versorgungsdauer multipliziert [33]. Die so erhaltene Strommenge, angegeben in Ah/d, wird schließlich noch mit einem Sicherheitsfaktor multipliziert, der bei größeren Inselsystemen zwischen 3 und 5, bei kleineren Systemen noch darüber liegen sollte. Die Höhe des Sicherheitsfaktors wird vor allem dadurch bestimmt, daß man zugunsten einer langen Lebensdauer der Batterie täglich nicht mehr als 20 bis 30 % Zyklentiefe[22] erreichen möchte. Der nun vorliegende Wert entspricht im groben Überschlag der Mindestkapazität des Batteriespeichers. Für die exakte technische Auslegung eines PV-Systems mit Batteriespeicher reicht natürlich eine solche Überschlagsberechnung in der Regel nicht aus. Hierzu sollte man eine Simulationsrechnung für die Gesamtanlage (vgl. Abschn. 5.2) durchführen [39].

Ein weiterer Vorteil elektrochemischer Batterien ist, daß sie in der Lage sind, schnell auf Lastwechsel zu reagieren. Und nicht zuletzt stellen sie, vor allem in der Gestalt der besonders häufig anzutreffenden Bleibatterie, eine erprobte Technik dar. Sie sind zuverlässig und zeichnen sich durch eine große Betriebssicherheit aus. Als Nachteile müssen ihr hoher Preis und die nicht bei allen Typen gegebene Zyklenfestigkeit[23] ins Feld geführt werden.

---

[22] Zyklentiefe bezeichnet die Entladetiefe einer Batterie.

[23] Zyklenfestigkeit ist die Fähigkeit einer Batterie, eine gewisse Anzahl von Lade- und Entladezyklen einer definierten Entladetiefe zu überdauern. Gute Batterien sollten eine Zyklenfestigkeit von mehr als 1000 Zyklen aufweisen.

Die bekannteste und zugleich auch gebräuchlichste Form der Speicherbatterie ist der Bleiakku. Bei ihm bestehen die einzelnen Sekundärzellen jeweils aus zwei Bleielektroden in Form von Gitterplatten, Röhrchen oder Panzerplatten. In den Maschen der gitterförmigen Bleielektroden befindet sich eine aktive Masse. An der positiven Seite der Elektrode ist dies Bleidioxid (PbO_2), an der negativen Seite besteht die aktive Masse aus fein verteiltem, porösem Bleischwamm. Die Elektroden befinden sich in einem Behältnis, das mit 20-30%iger Schwefelsäure (H_2SO_4) als Elektrolyt gefüllt ist. Der chemische Vorgang beim Beladen und Entladen der Bleibatterie kann mit folgender Gleichung beschrieben werden:

$$PbO_2 + 2H_2SO_4 \underset{\text{laden}}{\overset{\text{entladen}}{\rightleftharpoons}} 2PbSO_4 + 2H_2O$$

Bleibatterien werden heute für die unterschiedlichsten Zwecke angeboten. Am bekanntesten ist wohl ihre Verwendung als Starterbatterie in Kraftfahrzeugen. Hier kommt es vor allem darauf an, kurzzeitig hohe Anlaßströme zu liefern. Starterbatterien zeichnen sich durch ein spezielles Betriebsregime aus: sie sind praktisch immer vollgeladen, da während der Fahrt des Kraftfahrzeuges das Bordnetz nicht aus der Batterie, sondern von der Lichtmaschine gespeist wird. Nur wenn das Fahrzeug einmal für längere Zeit mit eingeschalteter Beleuchtung steht, kann sich die Batterie nahezu vollständig entladen. Dies ist aber stets ein Ausnahmefall. Man spricht daher mit Fug und Recht auch davon, daß es bei Starterbatterien quasi die sonst für Batterien üblichen Zyklen (Beladen/Entladen) nicht oder kaum gibt. Sie haben deswegen im allgemeinen eine geringe Zyklenfestigkeit und sind für PV-Anlagen meist nur bedingt geeignet. In Solar-Home-Systemen[24] (vgl. Abschn. 5.1) findet man allerdings gelegentlich aus Mangel an anderen Batterietypen eine Starterbatterie als Speicher. Der Vollständigkeit halber sei an dieser Stelle noch erwähnt, daß gegenwärtig sowohl an der Vervollkommnung der Bleibatterie als auch an der Entwicklung von Batterien für PV-Anlagen auf der Grundlage anderer Konzepte gearbeitet wird bzw. daß sie dort bereits eingesetzt werden. Genannt werden sollen hier lediglich der aufladbare Nickel-Cadmium-Akkumulator, die Lithiumzelle und die Natrium-Schwefelbatterie[25]. Letztere ist vor allem für den Einsatz in Solar- und Elektromobilen gedacht. Für PV-Anlagen ist sie allerdings, ebenso wie einige andere "heiße" Batterietypen - sie werden so bezeichnet, weil sie auf einem relativ hohen Temperaturniveau arbeiten - wegen der zu großen Selbstentladung nicht geeignet [9].

Auf nahezu jedem PV-Fachkongreß taucht mindestens einmal die "Gretchenfrage" nach der Solarbatterie auf; also nach jenem Batterietyp, der sich speziell für PV-Anlagen eignet. Und böse Zungen behaupten dabei stets, daß eine solche Batterie bis heute eigentlich noch nicht existiert. Über die Anforderungen, denen eine Batterie für PV-Anlagen im Langzeitbetrieb ausgesetzt ist, ist man sich dagegen einig. Sie muß unter drei verschiedenen Betriebsbedingungen zuverlässig

---

[24] Solar-Home-Systeme - i. allg. PV-Anlagen mit einer Leistung von unter 100 W, die nicht an das Netz angeschlossen sind. Sie sind sehr einfach aufgebaut (meist nur ein bis zwei Solarmodule und eine Batterie) und werden überwiegend in den Entwicklungsländern eingesetzt. Mit ihnen läßt sich der Strombedarf für Beleuchtung und/oder Radio und TV decken.

[25] Wiederaufladbare Hochenergiebatterie; die einzelne NaS-Zelle besteht aus flüssigem Natrium als Anode und in elektrisch leitendem Filz untergebrachtem Schwefel als Kathode sowie einem keramischen Festkörper als Elektrolyt. Die Betriebstemperatur der Batterie liegt zwischen 300 und 350°C. NaS-Batterien befinden sich derzeit noch in der Erprobung.

funktionieren [43]:

Sommer-Betrieb (Energieüberschußbetrieb); bedingt durch die höheren Einstrahlungswerte im Sommer, erzeugt eine PV-Anlage in dieser Jahreszeit meist mehr Strom, als die eingebundenen Verbraucher benötigen. Dadurch kann die Speicherbatterie an besonders sonnigen Tagen schon am frühen Nachmittag die Ladegrenzspannung[26] erreichen und wird bis zum Abend voll aufgeladen. Wenn am Abend und in der Nacht Strom aus der Batterie entnommen wird, erreicht sie am nächsten Tag vor Sonnenaufgang ihren täglichen Mindestladezustand, der etwa bei 70 % der Gesamtkapazität liegt. Anschließend wird die Batterie während des Tages wieder voll aufgeladen. Ein solcher Verlauf entspricht den optimalen Betriebsbedingungen einer PV-Batterie.

Winter-Betrieb (Energiedefizitbetrieb); bedingt durch die deutlich geringere Einstrahlung wird eine PV-Anlage im Winter gelegentlich oder auch desöfteren Energiedefizite aufweisen, d. h., die angeschlossenen Verbraucher benötigen mehr Strom als der Solargenerator liefern kann. Nur wenn die PV-Anlage stark überdimensioniert wurde, tritt dieser Fall nicht auf. PV-Anlagen sind derzeit noch relativ teuer. Ihre Leistung wird daher meist sehr gut auf die angeschlossenen Verbraucher ausgelegt und eine Überdimensionierung möglichst vermieden. Daraus folgt, daß im Winterbetrieb einer PV-Anlage oder auch während einer längeranhaltenden Schlechtwetterperiode der Ladezustand einer Batterie soweit absinkt, daß die Batteriespannung unter die Entladeschlußspannung fällt. Dies hat zur Folge, daß der Laderegler, seine Funktion wird im unmittelbaren Anschluß erläutert, die Last abschaltet, d. h. die Verbraucher von der Batterie trennt. Erst wenn die

---

[26] Ladegrenzspannung ist die maximale Spannung, mit der eine Batterie geladen werden soll.

Batterie wieder einen vertretbaren Ladezustand erreicht hat, erfolgt die Zuschaltung der Verbraucher. In dieser Zeit wird die Batterie also häufig im Zustand der Tief- oder gar der Tiefstentladung betrieben. Ein Vorgang, der die Lebensdauer einer Batterie sehr stark beeinträchtigen kann.

Zyklusbetrieb; zwischen den beiden eben geschilderten Extremen des Betriebszustandes von Batterien in PV-Anlagen gibt es noch die Möglichkeit, daß sich die Batterie über eine gewisse Zeit hinweg weder im vollgeladenen Zustand noch im Zustand der Tiefentladung befindet. Man bezeichnet diesen Betriebszustand als halbentladen oder fluktuierend.

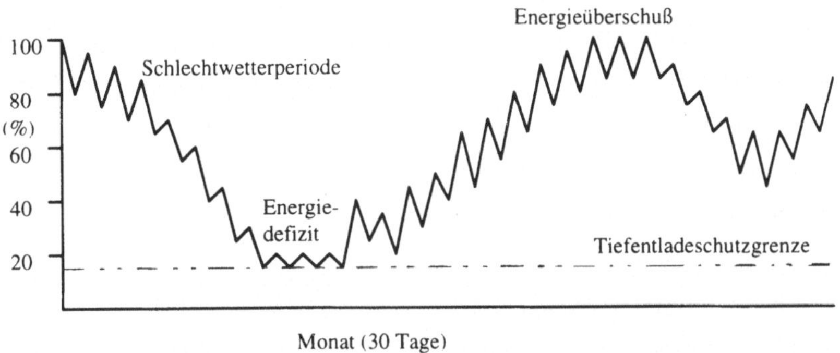

Abb. 28   Typische Betriebsbedingungen von Batterien in PV-Anlagen [43]
(Ladezustand der Batterie)

Abbildung 28 zeigt die typischen Betriebsbedingungen von Batterien in PV-Anlagen. Deutlich erkennbar wird die große Anzahl von Be- und Entladungsvorgängen. Dies unterstreicht nachhaltig die Forderung, daß eine PV-Batterie auch eine sehr hohe Zyklenbeständigkeit aufweisen sollte.

Die vorstehenden Ausführungen belegen sicher eindeutig, daß die in einer Inselanlage als Speicher verwendeten Batterien gewissermaßen die Achillesferse des gesamten Systems darstellen. Sie sind insbesondere gegen eine unsachgemäße Betriebsführung und gegenüber extremen Betriebsverhältnissen anfällig. Derartige extreme Betriebsbedingungen können aber in PV-Anlagen, bedingt durch die diskontinuierliche Leistungsbereitstellung des Solargenerators, jederzeit auftreten. Daher sind entsprechende Regelmechanismen erforderlich, um Schäden an den Batterien zu vermeiden. Die manuelle Steuerung der jeweiligen Betriebszustände des Batteriesystems durch den PV-Anlagenbetreiber ist keinesfalls ausreichend, um extreme Betriebszustände auszugleichen bzw. entsprechende Gegenmaßnahmen einzuleiten. Nur eine automatische Betriebsführung kann gewährleisten, daß zum richtigen Zeitpunkt die jeweils richtige Entscheidung getroffen wird. Diese wichtige Regelungsaufgabe übernimmt der Laderegler. Laderegler stellen im allgemeinen ein Batterie-Management-Gerät dar, das folgende grundsätzliche Regelfunktion übernimmt:

- Schutz vor Überladung der Batterie,
- Schutz gegen Tiefentladung der Batterie,
- Blockieren des Rückstromes.

Daneben werden noch einige andere Aufgaben, wie beispielsweise die Anzeige der aktuellen Betriebszustände, übernommen. Nachstehend sollen die drei wichtigsten Regelfunktionen kurz erläutert werden [43].

Schutz gegen Überladung - vereinfacht gesagt, verhindert der Laderegler in diesem Falle, daß mehr Strom in die Batterie fließt als diese aufnehmen kann. Wäre ein solcher Schutz nicht gegeben, würde die Batterie schweren Schaden nehmen.

Bei der einfachsten Form eines PV-Ladereglers sorgt ein On-/Off-Relais dafür, daß beim Überschreiten der Ladegrenzspannung oder

Gasungsspannung[27], sie beträgt 2,4V pro Zelle, der vom PV-Generator gelieferte Ladestrom abgeschaltet wird. Sobald die Batteriespannung unter einen eingestellten Minimalwert sinkt, meist liegt er bei 2,1 V pro Zelle, wird der vom Solargenerator kommende Ladestrom wieder zugeschaltet. Die Batterie kann nun erneut Strom speichern [39].

Den einfachen On-/Off-Relais-Regler sollte man allerdings in PV-Inselsystemen möglichst nicht verwenden, da er, wie dargestellt, sofort bei Erreichen der Gasungsspannung den Solargenerator abschaltet. Auf diese Weise läßt sich die Batterie nie richtig volladen. Zudem verringert sich durch das Abschalten des Solargenerators dessen Leistungsabgabe und damit natürlich die Effektivität der Gesamtanlage. Als besonders günstig haben sich Laderegler erwiesen, die mit einer 2-Stufen-Laderegelung arbeiten. Hier wird bei Erreichen der Gasungsspannung die Spannung von 2,4 V für etwa 30 Minuten beibehalten, um sie dann auf einen niedrigeren Erhaltungswert, beispielsweise von 2,3 V pro Zelle bei Bleiakkus, herunterzuregeln. Die 2-Stufen-Laderegler gelten derzeit als die besten handelsüblichen Geräte [39], [43].

Daneben gibt es noch die Überschußregler, die es ermöglichen, die nach dem Erreichen der Gasungsspannung anfallende Energie einem anderen Verbraucher oder einer anderen Batterie zuzuführen. Auf die dabei vorhandenen konzeptionellen Unterschiede zwischen Serienregelung und Kurzschluß- oder Shunt[28]-Regelung soll hier nicht weiter eingegangen werden.

---

[27] Gasungsspannung ist die Spannung, bei deren Überschreiten sich das Elektrolytwasser verstärkt in Wasserstoff und Sauerstoff spaltet. Dieser Vorgang wird als Gasung bezeichnet. Er ist an den aus dem Elektrolyt sichtbar an die Oberfläche steigenden Gasblasen zu erkennen. Unter bestimmten Bedingungen ist die Ladegrenzspannung der Gasungsspannung gleichgesetzt.

[28] to shunt (engl.) = parallelschalten, nebenschalten; Parallelschaltung.

Schutz vor Tiefentladung - wie wir gesehen haben, ist auch die Tiefentladung äußerst schädlich für die Lebensdauer einer Batterie. Gemeint ist damit eine Stromentnahme aus der Batterie unterhalb der sog. Entladeschlußspannung[29], die zwischen 1,75 und 1,8 V pro Zelle liegt. Der Laderegler muß in diesem Falle, also bei Unterschreiten der Entladeschlußspannung, die elektrischen Verbraucher von der Batterie trennen. Nur so kann eine weitere Entladung der Batterie unterbunden werden [9].

Rückstromschutz - physikalisch bedingt fließt in der Nacht bzw. bei unbestrahltem Solargenerator ein Strom von der Batterie zum Solargenerator. Er wirkt in diesem Falle wie ein angeschlossener Verbraucher. Ohne eine entsprechende Vorkehrung würde sich also die Batterie in Richtung Solargenerator entladen. Um diesen Stromfluß zu unterbinden, ist eine Sperrdiode integriert. Bei Solargeneratoren, die aus mehreren parallel geschalteten Strings bestehen (s. Abschn. 2.3), stellen die Sperrdioden zudem einen wirksamen Schutz gegen die Auswirkungen von Kurzschlüssen seitens der PV-Module dar [9].

Laderegler werden vom Fachhandel bereits in einer ganz erheblichen Vielzahl von Typen angeboten. Bei der Auswahl des konkret einzusetzenden Gerätes sollte darauf geachtet werden, daß von ihm die folgenden Mindestanforderungen erfüllt werden [43]:

- es sollte möglich sein, den Ladestrom kontinuierlich herunterzuregeln,
- der Eigenverbrauch und die Verluste des Gerätes sollten bei kleinen Anlagen unter 5 % der Energieausbeute der gesamten PV-Anlage liegen,

---

[29] Die Entladeschlußspannung ist die minimale Spannung, die beim Entladen einer Batterie nicht unterschritten werden sollte.

- ein Tiefentladeschutz ist unbedingt vorzusehen. Ist dies nicht der Fall, besteht die Gefahr von schweren Batterieschäden,

- das Gerät sollte eine visuelle Anzeige für die wichtigsten Betriebszustände aufweisen. Dies erfolgt meist mit verschieden-farbigen Leuchtdioden (LED). Die Anzeige mit LED hat den Vorteil, daß der Betreiber den fehlerfreien Betrieb seiner PV-Anlage jederzeit problemlos überprüfen und eventuelles Fehlverhalten erkennen kann,

- ein Rückstromschutz sollte gewährleistet sein,

- der Laderegler sollte eine temperaturabhängige Regelung der Ladeschlußspannung besitzen. Dadurch ist eine Volladung der Batterie auch bei tiefen Temperaturen möglich. Gleichzeitig läßt sich damit eine Schädigung der Batterie bei hohen Temperaturen verhindern.

In zunehmendem Maße erfüllen die auf dem Markt befindlichen Laderegler bereits diese Anforderungen. An ihrer technischen Vervollkommnung wird zudem ständig gearbeitet. Und nicht zuletzt gibt es auch Forschungs- und Entwicklungsarbeiten, die sich, wie bereits gezeigt, mit der Entwicklung von neuartigen Batteriesystemen bzw. mit dem Betriebsverhalten von Batteriebänken, d. h. der Zusammenschaltung von zahlreichen einzelnen Batterien zu einer großen Speichereinheit, befassen. Erwähnt seien hier die Arbeiten des Fraunhofer-Instituts für Solare Energiesysteme Freiburg zum Charge Equalizer[30], mit dem die Lebensdauer vielzelliger Batterien erhöht werden kann [40].

---

[30] Die Grundidee des Charge Equalizer besteht darin, die Spannungen der einzelnen Batteriezellen oder -blöcke zu jedem Zeitpunkt aneinander anzugleichen, also sowohl während der Ladung als auch während der Entladung.

Auch das beste Batteriesystem ist nicht in der Lage, die saisonalen Schwankungen im Energieangebot einer PV-Anlage auszugleichen. Das heißt, Energieüberschüsse aus dem Sommer lassen sich mit Hilfe eines Batteriespeichers nicht für die strahlungsarme Jahreszeit, den Winter, aufheben. Ein solcher Ausgleich ist nur über die Zwischenschaltung eines besonderen Speichermediums möglich. Nachstehend soll dieser Weg kurz beschrieben werden.

4.1.2   Solarer Wasserstoff

Das zeitliche Speichervermögen von Batterien ist, wie im vorangegangenen Abschnitt erläutert, relativ gering. Mit ihnen lassen sich lediglich die Spitzen von Energieangebot und -verbrauch über einige Tage hinweg ausgleichen. Will man nun photovoltaisch erzeugten Strom über einen längeren Zeitraum hinweg speichern, so bietet sich hierzu der Weg über den Wasserstoff als eine besonders elegante, aber auch sehr teure Lösung an. Dabei wird der vom Solargenerator gelieferte Strom zu einem Elektrolyseur geleitet und mit seiner Hilfe Wasser in die Bestandteile Wasserstoff und Sauerstoff zerlegt. Beide Gase sind in entsprechenden Druckbehältern über längere Zeit lagerbar. Bei Bedarf läßt sich die chemische Energie des Wasserstoffs dann wieder in nutzbare Energieformen umwandeln [12].
Neben der klassischen Elektrolyse, deren Geschichte bis in das 18. Jahrhundert zurückreicht, kommen heute vor allem fortgeschrittene Verfahren der Druckelektrolyse zur Anwendung. Eine Elektrolysezelle für die klassische Elektrolyse besteht aus einem Behältnis, gefüllt mit einem Elektrolyten, und zwei Elektroden - Anode und Kathode. Als Elektrolyt verwendet man bei der Wasserspaltung vor-

zugsweise Kalilauge in bestimmten Konzentrationen. Wird an die Elektroden eine Gleichspannung angelegt, laufen unter ständiger Zufuhr von Wasser folgende Reaktionen ab:

Anode: $4\,H_2O + 4e^- \rightarrow 2H_2 + OH^-$,

Kathode: $4\,OH^- \rightarrow 4e^- + 2\,H_2O + O_2$,

Zellreaktion: $2\,H_2O \rightarrow 2\,H_2 + O_2$.

Als Gesamtreaktion (Zellreaktion) liegen am Ende Wasserstoff und Sauerstoff in gasförmigem Zustand vor.

Tabelle 5   Ausgewählte Parameter von Wasserstoff [12]

Unterer Heizwert	10.800 kJ/Nm³
	120.000 kJ/kg
Oberer Heizwert	2.770 kJ/Nm³
	141.890 kJ/kg
Dichte (gasförmig)	0,09 kg/m³
Dichte (flüssig)	70,90 kg/m³ (bei -252°C)

Wasserstoff ist ein universell einsetzbarer Energieträger mit einem hohen gewichtsbezogenen Heizwert. Tabelle 5 enthält einige ausgewählte Parameter von Wasserstoff, die vor allem im Hinblick auf seine energetische Nutzung von Bedeutung sind.

Auf mehreren Wegen läßt sich der Wasserstoff bei Bedarf wieder in Strom und/oder Wärme umwandeln. Die derzeit bekanntesten Möglichkeiten dazu sind (Abb.29):

Brennstoffzelle - mit ihrer Hilfe wird der Wasserstoff in Strom und Wärme umgewandelt. Das allgemeine Funktionsprinzip der Brennstoffzelle beruht auf der Umkehrung der Elektrolyse. Daher tauchen bei ihr die dort vorhandenen Komponenten ebenfalls auf: Anode und Kathode sowie ein Elektrolyt. Wird die Anode kontinuierlich mit Wasserstoff und die Kathode mit Sauerstoff versorgt, reagieren beide Gase im Elektrolyt zu Wasser, wobei ein Elektronenfluß ausgelöst wird. In Abhängigkeit vom jeweiligen Brennstoffzellentyp läuft diese Reaktion auf einem Temperaturniveau von bis zu 1.000°C ab. Die dabei anfallende Wärmeenergie kann als Prozeßwärme oder als Heizenergie genutzt werden. Durch die kombinierte Bereitstellung von Elektroenergie und Wärmeenergie erreichen Brennstoffzellen, wiederum in Abhängigkeit von ihrem konkreten Typ, einen Wirkungsgrad von > 80 %.

Verbrennungsmotoren - Wasserstoff läßt sich flüssig oder gasförmig in herkömmlichen Verbrennungsmotoren als Antriebsenergie einsetzen. Der Aufwand zur Umstellung der Motoren ist dabei relativ gering.

Katalytische Verbrennung - katalytische Brenner arbeiten nach dem Prinzip des Feuerzeugs von Döbereiner, d. h., daß Wasserstoff sich an bestimmten Metallen (Katalysatoren) in einer selbststartenden Oxydation entzündet und in einer flammenlosen Verbrennung in Wärmeenergie umgesetzt wird. Derartige Brenner arbeiten in einem Temperaturbereich von knapp oberhalb der Umgebungstemperatur bis hin zu einigen hundert Grad Celsius. Der konkrete Temperaturbereich wird dabei vom eingesetzten Katalysatormaterial bestimmt. Als Katalysatormaterial eigenen sich vor allem Metalle der Platingruppe.

Desweiteren kann Wasserstoff auch in speziellen Wasserstoff-Sauerstoff-Dampferzeugern oder in konventionellen Motor-Generatoren eingesetzt werden.

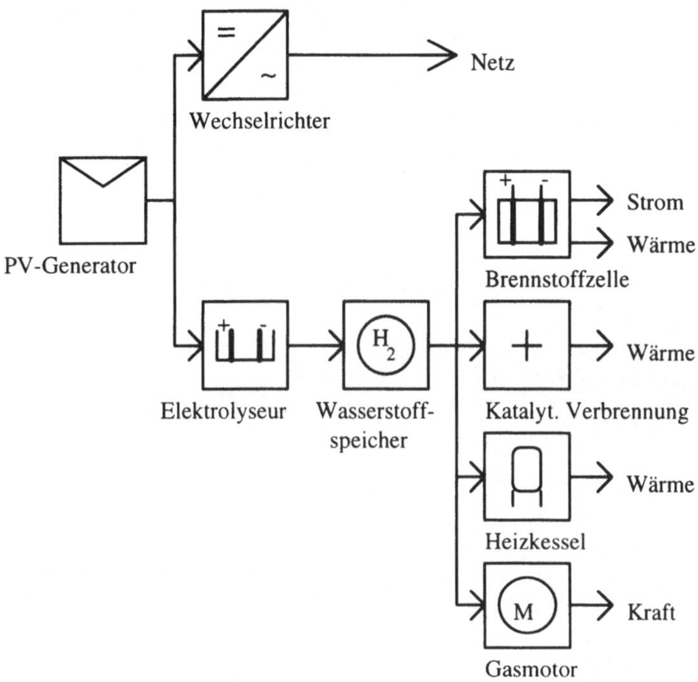

Abb. 29   Schema einer Solar-Wasserstoff-Anlage mit verschiedenen
Anwendungsmöglichkeiten

Die heute bereits vorhandenen vielfältigen Techniken zur energetischen Nutzung von Wasserstoff zeigen, daß man mit seiner Hilfe einerseits Elektroenergie speichern kann. Andererseits muß seine chemisch gebundene Energie nicht unbedingt wieder in Strom umgewandelt werden. Wasserstoff läßt sich in einem Energieversorgungssystem auch zur Bereitstellung von Heizwärme, als Energie für Kochprozesse oder als Antriebsenergie für ein Fahrzeug verwenden

(Abb. 29). Die Tatsache, daß die Energiespeicherung in Form von Wasserstoff einen nahezu problemlosen Transport von Energie selbst über weite Strecken hinweg gestattet, sei hier nur am Rande vermerkt.

Abb. 30   Blick in das Betriebsgebäude der Solar-Wasserstoff-Anlage in Neunburg vorm Wald

Bisher wurden allerdings nur wenige PV-Anlagen mit einem Wasserstoff-Speichersystem kombiniert. Es handelt sich dabei stets um Forschungs- und Entwicklungsvorhaben wie das Energieautarke Haus in Freiburg (Breisgau), die Solare Wasserstoffanlage von Neunburg vorm Wald (Abb. 30) oder die Photovoltaik-Wasserstoff-Brennstoffzellen-Demonstrationsanlage im Forschungszentrum Jülich.
Der Vollständigkeit halber ist noch zu erwähnen, daß es theoretisch auch die Möglichkeit gibt, den photovoltaischen Strom in Form von

mechanischer Energie zu speichern. Auf die dabei denkbaren Techniken (Kombination mit einem Pumpspeicherwerk oder Einsatz eines Schwungradspeichers) soll hier aber nicht weiter eingegangen werden, zumal bisher nur wenige PV-Anlagen in Verbindung mit einem solchen mechanischen Speicher existieren.

4.2 Wechselrichter

Der Wechselrichter, häufig auch als Inverter[31] bezeichnet, ist ein Gerät der Leistungselektronik und fungiert als Bindeglied zwischen Solargenerator und Verbraucher. Er wird in Inselsystemen immer dann erforderlich, wenn die angeschlossenen Verbraucher Wechselspannung benötigen; netzgekoppelte PV-Anlagen verfügen stets über einen oder mehrere Wechselrichter. Die Wechselrichter sollten hinsichtlich ihrer Eingangsnennleistung optimal an die Ausgangsleistung des Solargenerators angepaßt werden (vgl. Kap. 7).

Aufgabe des Wechselrichters ist es, die vom Solargenerator abgegebene Gleichspannung in eine netzkonforme Wechselspannung umzusetzen. Erst auf diese Weise ist die Kopplung der PV-Anlage mit dem Netz möglich. Nur mit Hilfe eines Wechselrichters kann eine Einspeisung des erzeugten bzw. überschüssigen "Solarstromes" in das öffentliche Versorgungsnetz erfolgen oder ein Inselsystem im Wechselspannungsbereich betrieben werden. Wechselrichter für netzgekoppelte PV-Anlagen müssen dabei stets so arbeiten, daß von ihnen keine oder nur minimale negative Einflüsse auf das öffentliche Versorgungsnetz ausgehen können. Das betrifft vor allem den Oberwellenge

---

[31] Inverter; von engl. to invert = umkehren, umdrehen.

halt[32] des in das Netz eingespeisten Stromes. Er muß möglichst gering sein bzw. den allgemein geltenden Oberschwingungsvorschriften entsprechen. Desweiteren sollten Wechselrichter möglichst geräuschlos arbeiten, und der Radio- und Fernsehempfang in der näheren Umgebung darf durch ihren Betrieb nicht beeinflußt werden. Auf die damit im Zusammenhang stehenden Fragen der elektromagnetischen Verträglichkeit (EMV) von PV-Anlagen bzw. deren Systemkomponenten wird in Kap. 6 kurz eingegangen. Im allgemeinen unterscheidet man hinsichtlich des grundlegenden Wechselrichterkonzepts zwischen netzgeführten und selbstgeführten Wechselrichtern. Auf eine Erläuterung des Funktionsprinzips und der Arbeitsweise der jeweiligen Geräte wird hier allerdings verzichtet.

Die folgenden Ausführungen beschäftigen sich ausschließlich mit Wechselrichtern im kleinen Leistungsbereich. Dazu gehören solche bis zu einer maximalen Leistung von 5 kW (Abb. 31). Sie sind so ausgelegt, daß sie in das normale Hausnetz mit einer Spannung von 230 V einspeisen. Gerade in den letzten Jahren hat es bei den Wechselrichtern in diesem Leistungsbereich, bedingt durch Photovoltaik-Breitentests, beispielsweise in Deutschland, Österreich und der Schweiz (vgl. Kap. 5.1), eine rasche Zunahme der Produktionszahlen gegeben. Die Geräte werden heute meist in größeren Serien gefertigt. Bedingt durch die Erfahrungen und Erkenntnisse aus den Breitentests von netzgekoppelten PV-Anlagen, die logischerweise ja immer auch ein Breitentest für Wechselrichter waren und sind, erfolgten bei den

---

[32] Oberwellen, auch Oberschwingungen; Bezeichnung für Schwingungen, deren Frequenzen ganzzahlige Vielfache der Frequenz der Grundschwingung sind. Bei idealen Wechselrichtern besteht der in das Netz eingespeiste Strom nur aus der 50-Hz-Grundschwingung; bei den real eingesetzten Geräten enthält der Strom allerdings einen gewissen Anteil an Oberschwingungen.

meisten Typen bereits erhebliche technische Verbesserungen. Das Betriebsverhalten fast aller Wechselrichtertypen hat sich nunmehr weitgehend jenen Anforderungen angenähert, die für einen effektiven Betrieb des Gesamtsystems notwendig sind. Und nicht zuletzt konnten durch den Übergang zur Serienfertigung die Preise für die Wechselrichter deutlich gesenkt werden.

Abb. 31   Wechselrichter PV-WR 1800 mit einer Eingangsnennleistung von 1,8 kW

Als besonderen Service verfügen einige Wechselrichtertypen über eine Schnittstelle für PC. Interessierte PV-Anlagenbetreiber erhalten so die Möglichkeit, mit Hilfe einer speziellen Auswertesoftware die

Effektivität ihrer Anlage bis zu einem gewissen Grade selbst zu beurteilen.

Abb. 32   Modul-Wechselrichter des ISET/Gesamthochschule Kassel

Parallel dazu wurden in den letzten Jahren auch zahlreiche neue Wechselrichtertypen entwickelt und auf den Markt gebracht, vor allem im kleinen und mittleren Leistungsbereich. Es gibt derzeit auch intensive Forschungs- und Entwicklungsarbeiten zur Schaffung von modulintegrierten Wechselrichtern. Dabei werden die Kleinstgeräte im Leistungsbereich zwischen 50 und 100 W direkt mit den Modulen gekoppelt. Die Module haben dann gewissermaßen einen Wechselspannungsausgang. Abb. 32 zeigt einen solchen Modul-Wechsel-

richter mit einer Leistung von 100 W und einer AC-Ausgangs-
spannung von 230 V bei 50 Hz. Module mit integriertem Wechselrichter sind vor allem für die Fassadenintegration von PV-Modulen
interessant.

Neben ihrer eigentlichen Aufgabe, der Umwandlung der Gleichspannung des Solargenerators in eine netzkonforme Wechselspannung, sollten Wechselrichter durch ihre Arbeitsweise auch eine optimale Anpassung an die Kennlinie des Solargenerators und besonders
an den Punkt der maximalen Leistung - MPP - (vgl. Abb.15) sichern.
Durch die erforderliche richtige Steuerung der täglich wieder-
kehrenden Betriebsabläufe

- Betriebsstart am Morgen bei einer festgelegten Bestrahlungsstärke,
- Betrieb im Punkt der maximalen Leistung (MPP),
- Abschalten am Abend unterhalb einer bestimmten Bestrahlungs-
  stärke

wird der Wechselrichter zu einem komplexen Steuergerät und damit
zum Herzstück eines PV-Systems mit Wechselspannungsausgang [9],
[30], [47].
Die Höhe der Bestrahlungsstärke, bei der der Wechselrichter seinen
Betrieb aufnimmt bzw. bei der er sich abschaltet, ist bei den einzelnen
Wechselrichtertypen unterschiedlich festgelegt. Im allgemeinen liegt
die Einschaltschwelle aber deutlich unter 100 W/m², die Abschalt-
grenze ist etwas niedriger angesetzt. Sind die Grenzen für den Start
bzw. das Abschalten des Wechselrichters zu niedrig gewählt, kann es
vorkommen, daß der Wechselrichter beim morgendlichen Start
"taktet". Dies kann vor allem dann geschehen, wenn größere Wolken
am Himmel sind. Unter solchen meteorologischen Bedingungen

wechselt die Bestrahlungsstärke sehr rasch und kann in den Morgenstunden für eine bestimmte Zeit zwischen den Werten für die Einschalt- und die Ausschaltgrenze des Wechselrichters pendeln. Der Wechelrichter springt dann zwar an, schaltet sich aber unter Umständen kurz darauf wieder ab. Dieser Vorgang kann sich wiederholen. Erst mit zunehmender Bestrahlungsstärke ist das "Takten" dann beendet.

Die erwähnte Funktion als Bindeglied zwischen Solargenerator und Verbraucher bewirkt, daß der gesamte vom Solargenerator kommende Strom durch den Wechselrichter fließt. Seine Eigenschaften beeinflussen letztendlich die Effektivität des Gesamtsystems besonders nachhaltig. Der Wechselrichter ist damit die Schlüsselkomponente für eine PV-Anlage mit Wechselspannungsausgang. Ganz gleich ob es sich dabei um eine netzgekoppelte Anlage oder um ein Inselsystem handelt. Die wichtigste Anforderung an einen Wechselrichter ist, daß die bei der Umformung von Gleichspannung in Wechselspannung auftretenden Verluste, die vor allem der Eigenverbrauch des Wechselrichters verursacht, möglichst gering sind. Gefordert wird dabei insbesondere ein hoher Wirkungsgrad auch im Teillastbereich, weil Wechselrichter wegen des bereits erwähnten Einflusses der jeweiligen konkreten Einstrahlungsbedingungen (Tagesgang der Strahlung, saisonale Unterschiede in der Bestrahlungsstärke) auf die Leistung des Solargenerators häufig nicht mit voller Leistung arbeiten können.

Die hier genannten Forderungen gelten unabhängig davon, ob der Wechselrichter in einer netzgekoppelten PV-Anlage, in einem normalen Inselsystem oder einem photovoltaischen Pumpsystem zum Einsatz kommt. In den beiden erstgenannten Fällen müssen vom Wechselrichter zudem noch ganz erhebliche Leistungsschwankungen bei gleichbleibend hohem Wirkungsgrad verarbeitet werden; so beträgt beispielsweise das Verhältnis zwischen maximaler Leistung und ermittelter Dauerleistung für einen typischen Haushalt 25:1. In allen drei Einsatzfällen müssen die Wechselrichter auch die hohen Anlaufströme verkraften können, wie sie beispielsweise beim Start eines Haushaltgerätes (Staubsauger, Kühlgerät oder Waschmaschine) bzw. eines Pumpenmotors auftreten. Dieser Umstand ist besonders für größere Inselsysteme, die im Wechselspannungsbereich betrieben werden, von Bedeutung [47].

Soweit einige allgemeine Anforderungen an Wechselrichter für netzgekoppelte PV-Anlagen und für solche in Inselsystemen. Daneben gibt es aber noch spezielle Eigenschaften, die vom jeweils konkreten Einsatzzweck bestimmt werden. Das heißt, Wechselrichter für Inselsysteme müssen teilweise über technische Eigenschaften verfügen, die bei netzgekoppelten PV-Anlagen nicht so wichtig sind und umgekehrt. Da netzgekoppelte Wechselrichter immer in Verbindung mit dem öffentlichen Versorgungsnetz stehen, gelten für sie, wie zu Beginn dieses Abschnittes schon kurz angedeutet, besondere Vorschriften bzw. einzuhaltende Bedingungen, auf die hier nicht nochmals eingegangen wird.

So interessant und wichtig das Kapitel Wechselrichter in PV-Anlagen auch ist, es kann nicht Anliegen dieses Buches sein, einen umfassenden Überblick über den Aufbau und die Wirkungsweise aller derzeit realisierten Wechselrichterkonzepte für netzgekoppelte Anlagen und Inselsysteme zu geben. Dem in dieser Hinsicht interessierten Leser sei daher die entsprechende Spezialliteratur zu dieser Thematik empfohlen.

4.3   Sonstige Komponenten

Neben den vorstehend beschriebenen Hauptkomponenten von PV-Anlagen wie Wechselrichter und Speichervorrichtungen, gibt es noch einige andere Komponenten, die nachfolgend kurz vorgestellt werden sollen.

Tragkonstruktionen; wie in Abschn. 2.4 dargelegt, werden Solarmodule gegenwärtig überwiegend als Standardlösungen mit oder ohne Rahmen hergestellt. Um sie bzw. den aus ihnen verschalteten Solargenerator beispielsweise in ein Gebäude (Dach, Fassade) integrieren oder auf einer Dachfläche installieren zu können, bedarf es spezieller Vorrichtungen. Diese sollten so beschaffen sein, daß sie eine leichte Montage der Solarmodule einschließlich der sicheren Verlegung der elektrischen Leitungen vom Solargenerator zum Wechselrichter oder zum DC-Hausnetz ermöglichen. Die Unterkonstruktion muß zudem eine feste Verbindung des Solargenerators mit dem jeweiligen Gebäude bzw. dem Gebäudeteil gewährleisten und dabei den zu erwartenden Belastungen (u. a. durch Schneelast und Winddruck) gewachsen sein. Gemäß DIN 1055 werden diese Belastungen wie folgt angenommen [27]:

- Schneelast mit 0,75 kN/m²,
- Winddruck mit 0,8 kN/m² (für Gebäude unter 20 m Höhe).

Die Eigenlast von Solargenerator und Unterkonstruktion beträgt ca. 0,2 kN/m². Da Solargeneratoren heute eine Lebensdauer von rund 20 Jahren haben, sollten die Vorrichtungen zu ihrer Einbindung in ein Gebäude ähnlich dauerhaft beschaffen sein. Die Befestigungselemente sind daher meist aus korrosionsbeständigem Material gefertigt. Hinsichtlich ihrer konkreten Ausführung gibt es eine Vielzahl von Lösungen, mit denen wir uns nicht im einzelnen beschäftigen wollen. Häufig bieten die Hersteller von Solarmodulen gleichzeitig auch speziell für ihre Produkte angepaßte Konstruktionen an. Das gilt in besonderem Maße für Solarmodule zur Fassadenintegration. Hier wurden die aus dem konventionellen Fassadenbau bekannten Systemlösungen so modifiziert, daß sie den besonderen Anforderungen der Photovoltaik gerecht werden [26]. Die heute auf dem Markt befindlichen Komponenten zur Gebäudeintegration eines Solargenerators lassen sich ganz allgemein in fünf Gruppen aufgliedern:

Vorrichtungen zur Integration des Solargenerators in das Dach; die Solargeneratorfläche ersetzt in diesem Falle die Dachziegel bzw. die Dachhaut (Abb. 33).

Abb. 33   Dachintegrierte PV-Anlage auf einem Nebengebäude des
Unterkrummenhofes am Schluchsee (Inselsystem, Leistung 4,5 kWp)

Hier kommen vor allem Rahmenprofile aus dem Gewächshausbau zur Anwendung.

Gestelle zur Auf-Dach-Montage; dabei wird der Solargenerator mit Hilfe einer Unterkonstruktion in einem bestimmten Abstand von den Dachziegeln auf dem Dach "aufgeständert" (Abb. 34).

Abb. 34   PV-Anlage in Auf-Dach-Montage

Logischerweise bestimmt bei dieser Installationsart die Dachneigung auch die Neigung des Solargenerators. Wegen der in Abschn. 3.3 getroffenen Feststellung, daß ein Abweichen vom optimalen Anstellwinkel bis zu einem gewissen Grad nur eine unwesentliche Ertragseinbuße der PV-Anlage bewirkt, sollte nicht unbedingt versucht werden, durch spezielle Konstruktion einen Neigungswinkel des Solargenerators von 30° zu erreichen, wenn das Hausdach beispielsweise eine Neigung von 45° aufweist. Mit solchen Bemühungen kann man rasch das Gegenteil des Gewünschten erreichen: die Anfälligkeit des Solargenerators gegen Schnee- und Windlast nimmt zu; die Stabilität der Befestigung verringert sich. Dachaufgeständerte PV-Anlagen sind besonders typisch für das 1000-Dächer-Photovoltaik-Programm (s. Abschn. 5.1).

Konstruktionen zur Montage auf Flachdächern und zu ebener Erde; sie sind so gestaltet, daß sie die Aufstellung der Solarmodule in einem bestimmten Winkel (meist 30°) gestatten. Manche dieser Tragkonstruktionen erlauben die Einstellung des Winkels für den Sommer- bzw. Winterfall (vgl. Tab. 4). Als Spezialausführung gibt es noch Vorrichtungen, die eine zweiachsige Nachführung der Solargeneratoren gemäß dem aktuellen Sonnenstand ermöglichen. Bei der Aufstellung von PV-Generatoren auf Flachdächern ist noch zu beachten, daß der Abstand der einzelnen Modulreihen zueinander nicht zu klein gewählt wird. Bedingt durch den niedrigen Sonnenhöhenwinkel im Winter (Abb. 25) kann es bei zu kleinen Abständen zwischen den Modulreihen zu einer gegenseitigen Verschattung der Solarmodule kommen (Abb. 35).

Abb. 35   Richtiger und falscher Abstand von hintereinander aufgestellten Solargeneratoren (Winterfall)

Auf die Auswirkungen einer solchen Verschattung wurde bereits im Abschn. 2.3 hingewiesen. Der konkret zu wählende Abstand zwischen den einzelnen Modulreihen hängt in erster Linie von der Höhe der jeweiligen Module ab. Als Faustregel gilt: der Abstand zwischen den einzelnen Reihen sollte das 3fache der Modulhöhe sein.

Eine besonders interessante Variante der Dachaufständerung von Solargeneratoren zeigt Abb. 36. Auf dem Dach des Gebäudes der Kantonsschule Solothurn integrierte man Solargeneratoren aus semitransparenten PV-Modulen (Gesamtleistung 9,8 kWp) so in das Sheddach, daß neben der Stromerzeugung auch eine optimale Ausleuchtung der darunterliegenden Räume mit Tageslicht möglich ist.

Abb. 36   Solargeneratoren auf dem Dach der Kantonsschule Solothurn

Vorrichtungen zur Integration von Solarmodulen in Gebäudefassaden; vorwiegend kommen dabei Pfosten-Riegel-Konstruktionen aus dem konventionellen Fassadenbau zum Einsatz. Verwendet werden aber auch spezielle Vorrichtungen, die für die jeweilige Lösung entwickelt wurden.

Dabei gibt es zunächst die Möglichkeit einer vorgehängten Kaltfassade. Hier werden die PV-Module so in das Gebäude integriert, daß eine ausreichende Hinterlüftung und damit auch Kühlung der Solarzellen gewährleistet ist. Bei einer Warmfassade werden die Fassadenelemente, in unserem Falle die PV-Module, direkt mit dem Material zur Wärmedämmung auf dem Mauerwerk oder der Betonwand aufgebracht. Die Solarmodule übernehmen dabei zugleich einen Teil der Wärmedämmung für den betreffenden Fassadenteil. Der Nachteil der Warmfassade ist offensichtlich: die PV-Module können nicht ausreichend gekühlt werden, Leistungsverluste sind damit nicht auszuschließen.

Abb. 37   PV-Turm der Kirche von Steckborn (Schweiz)

Der Gestaltungsspielraum für diese beiden Varianten ist ganz beträchtlich. Generell fordert die Gestaltung von PV-Fassaden auch immer den Einfallsreichtum der Architekten heraus. Abb. 37 zeigt dazu eine ganz bemerkenswerte Lösung. In den spitzen Turm der Kirche von Steckborn (Schweiz) wurde 1993 ein Solargenerator mit einer Gesamtleistung von 19 kWp eingebunden.

PV-Fassaden haben häufig nur bedingt einen direkten funktionellen Charakter, d. h., die photovoltaische Stromerzeugung steht bei ihnen nicht im Vordergrund, wenngleich man sie natürlich im energetischen Konzept für das Gebäude berücksichtigt. Meist werden die PV-Module als Teil eines innovativen Gebäudes gesehen, bei dem man bewußt die Technik der PV einsetzt. Einerseits, um diese zu testen oder zu demonstrieren. Andererseits, um mit dem Einsatz zu dokumentieren, daß man etwas für die Umwelt tun will.

Abb. 38   "SST Haus" in Freiburg (Breisgau)

Die Gestaltung besonders eleganter PV-Fassaden gestattet die "Structural-Glazing"-Technik. Bei ihr werden die beiderseitig verglasten kundenspezifischen Großmodule direkt auf eine Unterkonstruktion geklebt, wodurch diese nahezu unsichtbar bleibt. Ein weiterer Vorteil der "Structural-Glazing"-Technik ist, daß man komplette Wandsegmente industriell vorfertigen kann. Auf diese Weise läßt sich die Fassadenverkleidung in relativ kurzer Zeit ausführen. Das "SST Haus" in Freiburg (Abb. 38) ist das erste Gebäude Europas, dessen Fassade in dieser Technik verkleidet wurde. Die Leistung des Solargenerators beträgt 9 kWp.

Abb. 39   PV-Module am Gebäude der Elektrizitätswerke des Kanton Zürich in Dietikon (Schweiz)

Aber nicht immer muß die gesamte Fassade vollständig mit PV-Modulen versehen werden. Die Einbindung kann beispielsweise auch nur an den Brüstungsteilen unterhalb der Fenster oder als geometrische Figur an einem Giebel erfolgen (Abb. 39). Damit ergeben sich weitere Gestaltungsmöglichkeiten für das Gebäude. Die für den PV-Einsatz vorgesehenen Fassadenflächen sollten allerdings über das gesamte Jahr hinweg keine Verschattung aufweisen und möglichst nach Süden ausgerichtet sein. Nur so läßt sich die optimale Stromerzeugung der PV-Module sichern.

Für die Herstellung der PV-Fassadenelemente eignen sich sowohl Solarzellen aus kristallinem Si als auch solche aus a-Si. Insbesondere die Fassadenelemente aus a-Si eröffnen dabei dem Architekten einen zusätzlichen Gestaltungsspielraum. Sie können leichter in größeren Flächen und auch in vom Rechteck abweichenden geometrischen Figuren hergestellt werden.

Abb. 40   Semitransparente PV-Module aus a-Si

PV-Module lassen sich aber auch so herstellen, daß sie bis zu einem bestimmten Umfang für Tageslicht durchlässig sind. Dazu wird bei kristallinen Solarzellen die Modulfläche mit einer geringeren Zellenzahl belegt, als es sonst üblich ist. Die freien Flächen zwischen den einzelnen Solarzellen wirken dann wie normale Fensterscheiben. Sie lassen das Tageslicht hindurch (vgl. Abb. 36). Bei Modulen aus a-Si trägt man mittels Laser die aufgedampften Si-Schichten nach einem bestimmten Muster in schmalen Furchen oder Gräben bis auf die gläserne Trägerschicht wieder ab. Das gesamte Modul ist dann, in Abhängigkeit vom Anteil des abgetragenen Materials, mehr oder minder transparent (Abb. 40). Die semitransparenten PV-Module aus kristallinem und a-Si lassen sich beispielsweise im Fensterbereich, für verglaste Treppenaufgänge und Atrien oder auch für Glaskuppeln an Gebäuden verwenden. Sie bieten dort weitere architektonische Gestaltungsmöglichkeiten. Dabei ist allerding stets eine Ausrichtung derartiger Gebäudeteile nach Süden anzustreben.

Schließlich gibt es noch die Möglichkeit, Solarmodule als Verschattungseinrichtungen über den Fenstern von Gebäuden einzubinden (Abb. 41). Die Solarmodule wirken dabei zum einen als starre Verschattungsvorrichtungen, die gegebenenfalls im Sommer und Winter einen unterschiedlichen Neigungswinkel haben, zum anderen können sie als gestalterisches Elemente für die Fassadengestaltung eingesetzt werden. Den mit ihnen erzeugten Strom speist man in das Hausnetz ein. Ein Beispiel für eine solche Lösung zeigt Abb. 41.

Im Zusammenhang mit dringend erforderlichen Erweiterungs- und Rekonstruktionsarbeiten am Gebäude des Handelshauses Wild in Innsbruck wurden über den Fenstern der Südfassade des Erdgeschosses und des 1. Stockwerkes PV-Module mit einer Gesamtleistung von 13 kW als starre Verschattungselemente angebracht. Pro Jahr liefern diese PV-Verschattungselemente ca. 10.300 kWh Strom. Für die netz-gekoppelte Anlage verwendete man Module mit Solarzellen aus monokristallinem Silicium. Das gesamte Vorhaben ist ein Demonstrationsprojekt der Internationalen Energieagentur (IEA) und erhielt entsprechende finanzielle Unterstützung auch seitens österreichischer Energieversorgungsunternehmen. Zu dem Projekt gehört auch eine langfristige Vermessung und Bewertung der Betriebsergebnisse der PV-Anlage.

Abb. 41   Solarfassade am Handelshaus Wild in Innsbruck (Österreich)

Mit dieser Übersicht unterschiedlicher Tragkonstruktionen für Solarmodule bzw. -generatoren ist zugleich auch etwas über die heute typischen Montage- bzw. Integrationstechniken von Solargeneratoren in Gebäuden gesagt worden. In Abb. 42 sind die derzeit am meisten verbreiteten Techniken zur Einbindung von Solargeneratoren in ein

Gebäude zur besseren Veranschaulichung nochmals schematisch dargestellt. Es wird sicher erkennbar, daß vor allem bei deren Integration in Fassaden, bei der Einbindung von PV-Modulen als starre Verschattungsvorrichtungen und der Integration in Hausdächer die Architekten gefragt sind, um ästhetisch anspruchsvolle Lösungen zu schaffen.

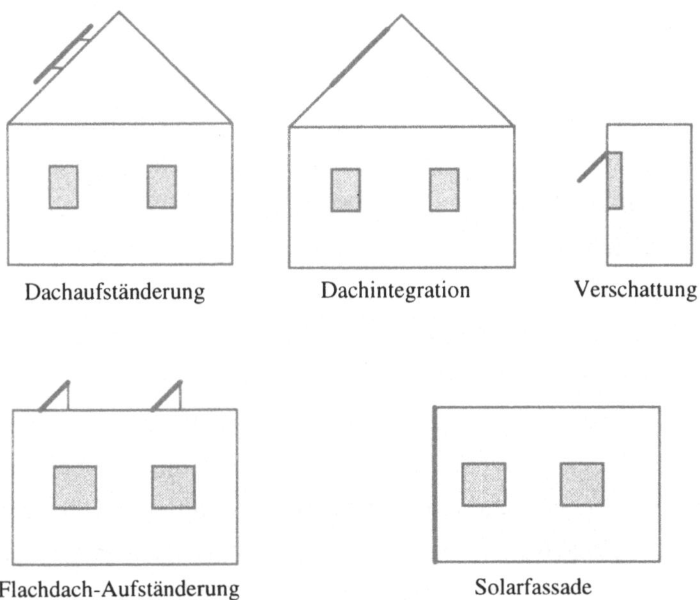

Abb. 42   Schematische Darstellung der Einbindungsmöglichkeiten von PV-Anlagen in Gebäuden

Mit der Einbindung von PV-Anlagen in Gebäuden läßt sich neben der möglichen optisch anspruchsvollen Gestaltung aber auch ein erheblicher Nachteil der photovoltaischen Technik zumindest teilweise ausgleichen: der hohe Flächenbedarf. Die Dächer und Fassaden an den Gebäuden sind ohnehin vorhanden. Eine Einbindung von PV-Anlagen erfordert keinen zusätzlichen Platz.

Insbesondere bei der Integration von Solargeneratoren in ein Gebäude (Dach, Fassade) muß die Tragkonstruktion so ausgelegt sein, daß sie auch eine ausreichende Hinterlüftung der Solargeneratorfläche gewährleistet. Wie bereits in Abschn. 2.3 erwähnt, können sich die Solarmodule bei entsprechend starker Einstrahlung bis auf 30 K gegenüber der Umgebungstemperatur erwärmen. Die Folge ist eine erhebliche Reduzierung der abgegebenen Spannung und damit letztendlich der Leistung. Eine gute Hinterlüftung des Solargenerators wirkt diesem Effekt entgegen. Deshalb wird angestrebt, die Solarmodule an einem Gebäude möglichst so zu montieren, daß zwischen ihnen und dem eigentlichen Mauerwerk oder der Dachoberfläche ein durchgängiger Luftkanal von mindestens 7 cm Höhe liegt. Die durch diesen Kanal streichende Luft bewirkt einen Kühleffekt der Solarmodule. Solange die Sonne auf die Module scheint, hält die aufsteigende warme Luft den Kühlmechanismus in Gang, ohne daß eine zusätzliche Energiezufuhr erforderlich ist. Die Untersuchungen an entsprechenden PV-Anlagen haben ergeben, daß durch die Hinterlüftung des Solargenerators dessen jährliche Energieausbeute um etwa 2 bis 3% steigt [26]. In einigen Forschungslabors wird sogar darüber nachgedacht, die Wärmeenergie der aufsteigenden Luft für Heizzwecke (beispielsweise mittels Wärmepumpen) zur Vorwärmung der Zuluft oder zur Brauchwassererwärmung zu nutzen. Im Gespräch sind auch bereits Vorrichtungen zur kombinierten photovoltaischen und thermischen Nutzung der Solarenergie.

Solargenerator-Anschlußkasten; bei netzgekoppelten Anlagen und bei Inselsystemen, die mit Wechselspannung betrieben werden, ist der Solargenerator-Anschlußkasten vor dem Wechselrichter angeordnet. In ihm enden die vom Solargenerator kommenden Kabel der einzelnen

Strings. Über eine entsprechende Verschaltung wird die elektrische Verbindung zur Eingangsseite des Wechselrichters hergestellt. Im Solargenerator-Anschlußkasten befinden sich u. a. auch die Strangdioden, die Sicherungen, Varistoren[33] und der DC-Hauptschalter.

Kabel und Leitungen; zu den Anforderungen an das Verdrahtungsmaterial für PV-Module wird im Kapitel 6 im Zusammenhang mit den Fragen der elektrischen Sicherheit noch etwas mehr gesagt. Unter dem Aspekt der vorstehend erwähnten Einbindungsmöglichkeiten von Solargeneratoren in Gebäuden sei an dieser Stelle lediglich darauf verwiesen, daß die verwendeten Kabel und Leitungen den Einsatzbedingungen unter dem Dach bzw. hinter der Fassade und natürlich auch auf dem Dach und der Fassade angepaßt sein müssen. Dies gilt insbesondere für die Beständigkeit gegen die hohe Umgebungstemperatur, sie kann mehr als 60°C betragen, und die Beständigkeit gegen die UV-Strahlung.

Welche der hier genannten Systemkomponenten tatsächlich für eine PV-Anlage benötigt werden, hängt von deren konkreter Versorgungsaufgabe und damit den jeweiligen Einsatzbedingungen ab. Im nachfolgenden Abschnitt soll darauf näher eingegangen werden.

---

[33] Abkürzung für variable resistor, spannungsabhängiges Bauelement, dessen elektrischer Widerstand mit steigender Spannung abnimmt. Sie werden zum Löschen von Funken in elektrischen Kontakten und zum Begrenzen von Überspannungen verwendet.

5 Netzgekoppelt oder Inselsystem

In Abhängigkeit davon, für welche Art von Versorgungsaufgaben die Photovoltaik(PV)-Systeme eingesetzt werden, lassen sich zwei grundlegend verschiedene Anlagentypen beschreiben.

5.1 Netzgekoppelte PV-Anlagen

Dieser Typ von PV-Systemen steht stets direkt mit dem öffentlichen Versorgungsnetz in Verbindung. Die vom Solargenerator gelieferte Elektroenergie wird ganz oder teilweise in dieses Netz eingespeist. Dabei muß vorher die vom Solargenerator abgegebene Gleichspannung in eine netzkonforme Wechselspannung umgewandelt werden. Dies geschieht stets über einen oder mehrere Wechselrichter (Abschn. 4.2). Netzgekoppelte PV-Anlagen benötigen generell keine Speichervorrichtungen. Diese Aufgabe übernimmt das öffentliche Versorgungsnetz. Zwei unterschiedliche Anlagenversionen von netzgekoppelten PV-Anlagen sind möglich:

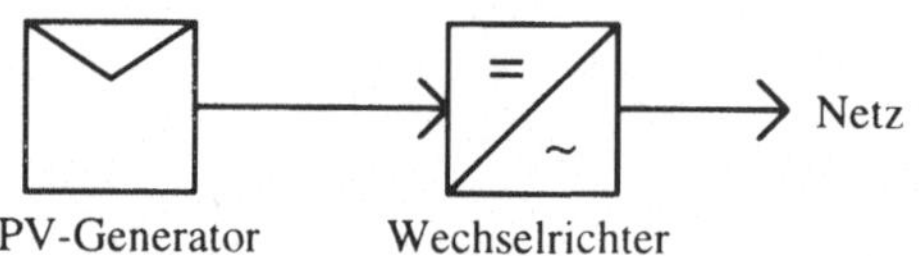

Abb. 43   Schema eines PV-Kraftwerkes

Zentrale netzgekoppelte Anlagen - bei ihnen wird die gesamte erzeugte Elektroenergie von einem oder mehreren Wechselrichtern in netzkonformen Wechselstrom umgewandelt und in das öffentliche Netz eingespeist. Zentrale netzgekoppelte Anlagen haben meist eine

Spitzenleistung von mehreren Dutzend Kilowatt bis zu einigen Megawatt. Man bezeichnet sie daher häufig auch als PV-Kraftwerke (Abb. 43).

In Deutschland arbeiten derartige PV-Kraftwerke u. a. in Kobern-Gondorf an der Mosel und am Neurather See bei Grevenbroich. Das PV-Kraftwerk von Kobern-Gondorf an der Mosel hat eine Leistung von 344 kWp und speist pro Jahr etwa 235.000 kWh in das öffentliche Netz ein.

Abb. 44   PV-Kraftwerk Neurather See

Die Anlage vom Neurather See (Abb. 44) bringt es auf eine Spitzenleistung von 360 kW und kann jährlich 270.000 kWh Strom abgeben.
Das reicht aus, um etwa 70 Haushalte mit elektrischer Energie zu ver-
sorgen. Die Anlage ist seit dem 5. September 1991 in Betrieb. Erstmals in Europa wurden im PV-Kraftwerk am Neurather See neben
konventionellen Modulen auch neuentwickelte Solarmodule eingesetzt, die jeweils eine Fläche von zwei Quadratmetern haben. Ähnliche
Großmodule verwendete man dann drei Jahre später auch für das Solarkraftwerk Toledo PV in Spanien (Abb. 10). Übrigens steht des PV-
Kraftwerk Neurather See inmitten des rheinischen Braunkohlenre-
viers, in unmittelbarer Nachbarschaft eines konventionellen Wärme-
kraftwerkes. Und noch vor wenigen Jahren wurde quasi zu Füßen des
heutigen PV-Kraftwerksstandortes Rohbraunkohle gefördert.

Das derzeit größte in Betrieb befindliche PV-Kraftwerk der Welt steht
in Süditalien. Am 18. Oktober 1994 wurde die Anlage mit einer
Leistung von 2 MWp in Serre, in der Provinz Salerno, in Betrieb ge-
nommen. Es ist vorgesehen, das PV-Kraftwerk in allernächster Zeit
sogar auf eine Leistung von 3,3 MWp zu erweitern. Nach Angaben
des Betreibers, des staatlichen italienischen Elektrizitätsunternehmens
ENEL, kann die Anlage von Serre jährlich rund 5 Mio kWh Strom
liefern und damit den Bedarf von ca. 3.000 Familien decken. Für das
PV-Kraftwerk verwendete man Solarzellen aus mono- und poly-
kristallinem Si, mit Wirkungsgraden zwischen 10 und 12 %. Gerech-
net wird mit Stromerzeugungskosten von umgerechnet 0,77 DM/kWh.
Beim PV-Kraftwerk von Serre handelt es sich in erster Linie um eine
Forschungs- und Demonstrationsanlage, mit der zunächst Erfahrungen
mit dem Betrieb einer so großen Anlage gesammelt werden sollen. Im
Endausbau werden immerhin 2,6 Mio Solarzellen in 45.000 Modulen
auf einer Fläche von 70.000 m² aufgestellt sein.

Eine besonders interessante Variante eines PV-Kraftwerkes stellt die photovoltaische Lärmschutzwand bei Rellingen (Schleswig-Holstein) dar (Abb. 45). Bei diesen Vorhaben wurden in eine konventionelle Lärmschutzwand an der BAB 23 insgesamt 1993 Solarmodule mit einer Gesamtleistung von 30 kWp integriert. Mit diesem Vorhaben will man die Möglichkeit der Nutzung von Lärmschutzwänden für eine photovoltaische Stromerzeugung demonstrieren. Angesichts des hohen Platzbedarfes von PV-Anlagen eröffnen derartige Kombinationen neue Aufstellungsmöglichkeiten. Photovoltaische Lärmschutzwände ermöglichen neben der umweltfreundlichen Stromgewinnung auch eine zusätzliche Lärmminderung. Der Strom aus der photovoltaischen Lärmschutzwand von Rellingen wird über Wechselrichter direkt in das Versorgungsnetz der Schleswag, des regionalen Energieversorgungsunternehmens, eingespeist.

Abb. 45   Photovoltaische Lärmschutzwand bei Rellingen

Eine weitere Variante von PV-Kraftwerken sind die sogenannten Hybridanlagen. Man versteht darunter die Kombination verschiedener Energiebereitstellungstechniken zu einem einheitlichen System. Als besonders günstig erweist sich dabei die Kopplung der beiden erneuerbaren Energiequellen Sonnen- und Windenergie (Abb. 46).

Abb. 46   Solarenergie-/Windkraftanlage Pellworm

Während die Sonnenenergie naturgemäß in den Sommermonaten ihr größtes Potential aufweist, ist dies bei der Windenergie vor allem in den Herbst- und Wintermonaten der Fall. Nicht umsonst spricht man im Volksmund von den Herbst- und Winterstürmen. Hinzu kommt, daß Windenergiekonverter auch während der Nacht Strom bereitstellen können. Die Nutzung der Windenergie stellt also eine ideale

Ergänzung zu photovoltaischen Anlagen dar und trägt zur Sicherung einer kontinuierlichen Versorgung bei. Aus diesem Grunde findet man derartige Hybridanlagen gelegentlich auch bei Insellösungen (vgl. Abschn. 5.2). Möglich ist beispielsweise aber auch die Kopplung einer PV-Anlage mit einem Wasserkraftwerk (Abb. 10), mit einer Biogasanlage (Abb. 47) oder mit einem herkömmlichen Motorgenerator.

Bereits seit 1983 ist auf der Nordseeinsel Pellworm ein PV-Kraftwerk mit einer Leistung von 300 kWp in Betrieb. Diese Anlagenleistung wurde 1992 verdoppelt und zugleich die installierte Windenergieleistung von ursprünglich 300 auf 400 kW erhöht. Seither arbeitet auf Pellworm die weltweit größte kombinierte Solarenergie-/Windkraftanlage (Abb. 46). Der Strom des Hybridkraftwerkes von Pellworm wird über Wechselrichter in eine netzkonforme Wechselspannung umgewandelt und direkt in das Netz der Schleswag eingespeist.

Gleich drei unterschiedliche erneuerbare Energiequellen sichern die Energieversorgung des Klärwerkes Körkwitz bei Rostock in Mecklenburg-Vorpommern (Abb. 47). Bei dieser Anlage decken Sonnen- und Windenergie umweltschonend einen großen Teil des Strombedarfs für die Rührwerke und Pumpen des Klärwerkes. Als letzte Stufe ist die Inbetriebnahme eines Blockheizkraftwerkes auf der Grundlage des in der Anlage anfallenden Klärgases vorgesehen. Dies wird allerdings erst nach Fertigstellung des Faulturms erfolgen. Das anfallende Klärgas will man dann zeitweise in entsprechenden Behältern speichern. Es bildet damit gewissermaßen den Energiepuffer der gesamten Anlage. Bei einem erhöhten Energiebedarf wird das Gas in einem speziellen Motor mit angekoppeltem Generator zur Stromerzeugung verwendet. Gleichzeitig liefert das Aggregat aus der Abwärme des Gasmotors noch Wärmeenergie zur Beheizung des Faulturmes.

Reicht die Stromversorgung aus allen drei erneuerbaren Energiequellen nicht aus, decken Bezüge aus dem Netz die Defizite. Mögliche Überschüsse werden in das öffentliche Netz eingespeist. Die Anlage von Körkwitz ist die größte ihrer Art in Europa. Ihr Solargenerator hat eine Leistung von 250 kWp. Die Leistung des Windenergiekonverters beträgt 300 kW. Eine ähnliche Anlage mit geringerer Leistung ist übrigens bereits seit einigen Jahren in Burg auf Fehmarn in Betrieb.

Abb. 47   Klärwerk Körkwitz

Dezentrale netzgekoppelte Anlagen - sie dienen überwiegend der Zusatzversorgung von einzelnen Häusern oder Gebäudegruppen. In Zeiten besonders guter Einstrahlung liefert der Solargenerator meist mehr Strom als die angeschlossenen Verbraucher unmittelbar benötigen. Die überschüssige solar erzeugte Elektroenergie wird daher in das öffentliche Versorgungsnetz eingespeist und an einer anderen Stelle genutzt. Die PV-Anlage arbeitet so als kleines Kraftwerk. Kann der Solargenerator wegen schlechter Einstrahlungsbedingungen keinen oder nicht ausreichend Strom für die Verbraucher im Haus bereitstellen, deckt der Bezug aus dem öffentlichen Netz das Defizit. Das öffentliche Versorgungsnetz übernimmt damit gewissermaßen eine Speicher- bzw. Ausgleichsfunktion und sichert so die kontinuierliche Versorgung der Verbraucher. Gesonderte Stromzähler für den Bezug aus dem Netz und für die Einspeisung in das Netz gehören zur Ausstattung derartiger Anlagen (Abb. 48). In manchen Ländern werden auch Zähler ohne Rücklaufsperre eingesetzt, d. h., bei einer Einspeisung in das öffentliche Netz, also der "Stromlieferung", läuft der Zähler rückwärts. In Deutschland werden derartige Zähler nicht verwendet.

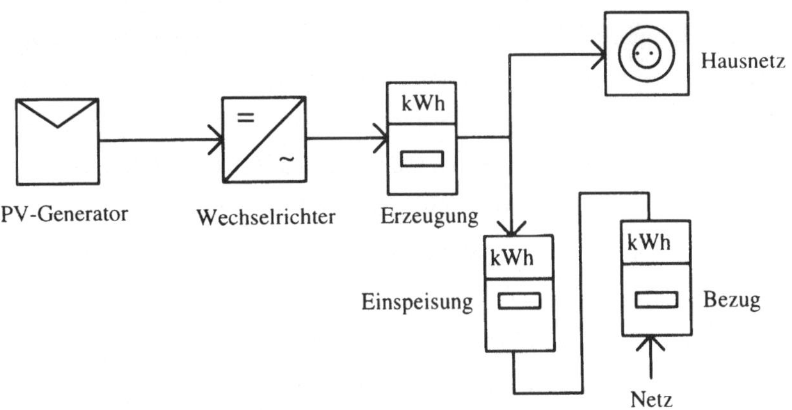

Abb. 48   Schema einer 1000-Dächer-PV-Anlage

Besonders typische Beispiele für dezentrale netzgekoppelte PV-Systeme sind die Anlagen aus dem 1000-Dächer-Programm. Bei ihnen ist meist noch ein dritter Zähler, der Erzeugungszähler, am Wechselrichterausgang installiert (Abb. 48). Das 1000-Dächer-Programm ist der gegenwärtig weltgrößte Breitentest für netzgekoppelte PV-Anlagen im kleinen Leistungbereich. In seinem Rahmen werden in ganz Deutschland mehr als 2.000 PV-Anlagen mit Leistungen zwischen 1 und 5 kWp - etwas größere Anlagen sind in Ausnahmefällen zugelassen - auf den Dächern von Ein- und Zweifamilienhäusern errichtet und einem Meß- und Auswerteprogramm unterzogen.

Wichtigste Ziele dieses vom Bundesministerium für Bildung, Wissenschaft, Forschung und Technologie (BMBF) und den jeweiligen Ländern mit einer Förderquote von 70 % der erforderlichen Investitionskosten unterstützten Programms sind:

- Demonstration der Nutzung von Dachflächen für die dezentrale Stromerzeugung und ihrer Vereinbarkeit mit baulichen und architektonischen Gesichtspunkten,
- Weckung der Bereitschaft, den Stromverbrauch im Haushalt, soweit möglich, dem Rhythmus der Solarstromerzeugung anzupassen und durch den Einsatz energiesparender Geräte zu erreichen, daß der erzeugte Solarstrom einen möglichst großen Anteil an der gesamten Stromversorgung des Haushaltes ausmacht,
- Gewinnung von Know-how in der kostengünstigen, zuverlässigen, weitgehend standardisierten und sicheren Installation netzgekoppelter dachmontierter PV-Anlagen,
- Sammeln von Erfahrungen über das Betriebsverhalten der photovoltaischen Anlagen mit dem Ziel einer technischen Optimierung aller Komponenten.

Das 1000-Dächer-Programm hatte man ursprünglich nur für die alte Bundesrepublik konzipiert. Im Zuge der deutschen Vereinigung wurde es dann aber auch auf die neuen Bundesländer ausgedehnt. Jeder Flächenstaat hat im Rahmen des Programms die Möglichkeit, 150 netzgekoppelte PV-Anlagen zu errichten. Für die Stadtstaaten Hamburg, Bremen und Berlin beträgt dieses Kontingent 100 Anlagen. Daraus ergibt sich dann die Anzahl von insgesamt 2.250 Anlagen, die im Rahmen des 1000-Dächer-Programms installiert werden können. Seinen einprägsamen Namen behält das Programm aber dennoch bei.

Abb. 49   1000-Dächer-Anlage

Abb. 49 zeigt ein besonders gut gelungenes Beispiele einer im Rahmen des 1000-Dächer-Programms errichteten PV-Anlage. In dem Wettbewerb "Schönste 1000-Dächer-Anlage" wurde ihr von der Jury der 1. Preis zuerkannt.

Bis zur Mitte des Jahres 1995 waren rund 2.000 Anlagen mit einer

Gesamtleistung von ca. 5.200 kWp in Betrieb. Die durchschnittliche Anlagengröße aller bisher installierten Anlagen beträgt 2,6 kWp. Besonders häufig finden sich im 1000-Dächer-Programm Anlagen mit einer Generatorleistung von 1,5 bis 2,0 kWp (Abb. 50). Diese Leistungsgröße entspricht einer Solargeneratorfläche von ca. 14 bis 20 m², die sich sehr gut in bzw. auf dem südorientierten Dach eines Einfamilienhauses anordnen läßt. Einige ausgewählte Ergebnisse der wissenschaftlichen Auswertung des 1000-Dächer-Programms sind in Kap. 7 im Zusammenhang mit der Erläuterung wichtiger Begriffe aus der PV-Anwendung dargestellt.

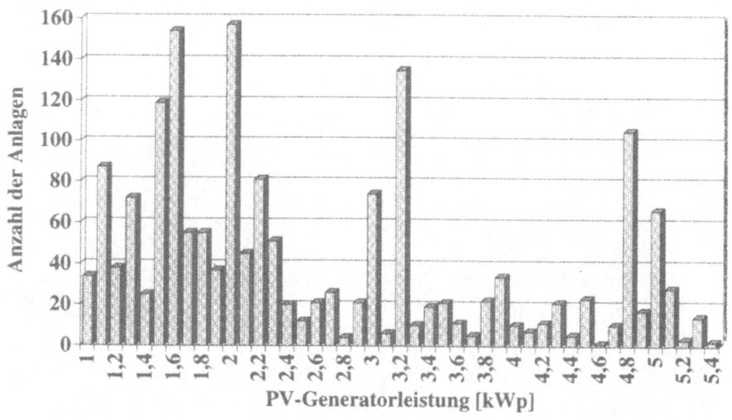

Abb. 50   Verteilung der Generatorleistung von 1774 PV-Anlagen des
1000-Dächer-Programms

Programme zum Breitentest netzgekoppelter PV-Anlagen gibt es auch in Österreich und der Schweiz. In Österreich werden innerhalb eines "200 kW-Photovoltaik-Breitentest" insgesamt 96 PV-Anlagen im Leistungsbereich von 1 bis 3,6 kWp errichtet. Ähnlich wie beim 1000-Dächer-Programm erfolgt auch hier eine wissenschaftliche Auswertung des Anlagenbetriebes und parallel dazu eine Teilnehmerbefragung, bei der die Frage nach den Motiven für eine Beteiligung an dem Breitentest im Mittelpunkt steht. Eine solche sozialwissenschaftliche Begleituntersuchung gibt es auch zum 1000-Dächer-Programm. In der Schweiz orientiert man sich bei einem Förderprogramm für die Nutzung der Photovoltaik inbesondere auf netzgekoppelte Anlagen, die auf den Dächern von Schulgebäuden installiert werden. Die bisher realisierten Anlagen haben Leistungen zwischen 1,5 und 52,5 kWp.

5.2   Inselsysteme

Der Begriff Inselsysteme deutet daraufhin, daß derartige PV-Systeme nicht mit dem öffentlichen Versorgungsnetz in Verbindung stehen. Sie stellen gewissermaßen eine eigene Versorgungsinsel dar.

Abb. 51   PV-versorgte Telekommunikationsanlage auf Grönland

Eine solche Insel kann sowohl ein kleines Gerät, eine Telekommunikationseinrichtung (Abb. 51) oder eine Wasserpumpe, aber auch ein Gebäude oder gar ein kleineres Dorf sein.

Auch an den Autobahnen im In- und Ausland kann man desöfteren photovoltaische Inselsysteme entdecken. Es handelt sich dabei meist um mobile oder stationäre photovoltaisch versorgte Verkehrsleiteinrichtungen (Abb. 52) oder Notrufeinrichtungen.

Abb. 52   PV-versorgte Baustellensicherung auf der Autobahn

Wegen des fehlenden Netzanschlusses gehören zu den Inselsystemen fast immer Vorrichtungen zur Speicherung der vom Solargenerator gelieferten Gleichspannung. Denn nur selten gibt es eine direkte Korrelation zwischen der Sonneneinstrahlung, und damit der Stromlieferung vom Solargenerator, und dem Strombedarf der zu der Versorgungsinsel gehörenden Verbraucher.

Mit der Integration einer Speichervorrichtung lassen sich die Leistungsspitzen, die der Solargenerator in der Zeit besonders günstiger Einstrahlungsbedingungen bereitstellt und die von den zum Inselsystem gehörenden Verbrauchern nicht sofort benötigt werden, gewissermaßen für "schlechtere Zeiten" aufbewahren. Zum anderen ermöglicht das Speichersystem eine kontinuierlichere Versorgung der Verbraucher im Inselsystem durch die Stromentnahme aus dem Speichersystem. Man denke hier nur an die Nachtstunden, in denen der Solargenerator keinen Strom liefert, die Versorgung der angeschlossenen Geräte aber gesichert sein muß. Der Speicher hat also die Funktion eines Puffers. Inwieweit in einem Inselsystem auch Wechselrichter zum Einsatz kommen, hängt zum einen von der Größe des betreffenden Systems ab und zum anderen davon, welche Verbraucher in das Inselsystem eingebunden sind.

Da Inselsysteme einerseits keine Verbindung zum öffentlichen Netz haben, andererseits aber eine möglichst vollständige Versorgung der angeschlossenen Verbraucher gesichert sein sollte, ist natürlich eine Vorhersage des von einer bestimmten installierten Solargeneratorleistung zu erwartenden Energieertrages von großem Interesses. Mit Hilfe der Computersimulation kann auf der Grundlage der Einstrahlungsdaten, meist dem langjährigen Mittel oder den Daten des Test-Referenzjahres[34] des betreffenden Standortes, eine Berechnung des

---

34 Testreferenzjahr; 10-Jahres-Mittel der monatlichen Strahlungssummen an einem bestimmten Ort.

wahrscheinlichen Anlagenertrages vorgenommen werden. In die Berechnung gehen auch die Wirkungsgrade der eingesetzten Solarmodule und des ausgewählten Wechselrichters, die Ausrichtung des Solargenerators (Orientierung, Anstellwinkel) sowie die Verbräuche der angeschlossenen Geräte ein. Durch entsprechende Variation der Anlagenparameter (Leistung des Solargenerators, Typ des Wechselrichters, Größe des Batteriespeichers u. a.) kann über die Simulation entweder die mit einer vorgegebenen Solargeneratorgröße zu erzielende solare Deckungsrate ermittelt werden (vgl. Abschn. 7), oder aber es wird errechnet, welche Anlagenkonfiguration erforderlich ist, um beispielsweise eine 100%ige solare Deckungsrate zu erreichen. Da PV-Anlagen derzeit noch recht teuer sind, empfiehlt es sich bei Inselsystemen stets, eine solche Simulationsrechnung zur Anlagenauslegung vorzunehmen. Mit ihrer Hilfe kann auch die Leistung eines eventuell noch erforderlichen zusätzlichen Energiebereitstellungssystems (Back-up-System[35]), wie Motorgenerator oder Windenergiekonverter, ermittelt werden. Der Simulationsrechnung vorausgehen sollte stets eine Bestandsaufnahme der Energieverbräuche aller in dem System vorhandenen elektrischen Geräte mit dem Ziel, den Energieverbrauch im Gesamtsystem möglichst zu minimieren. Um dies zu erreichen, sollten in PV-Inselsystemen bzw. in PV-Systemen überhaupt ausschließlich Energiespargeräte zur Anwendung gelangen. PV-Simulationsprogramme werden heute bereits in zahlreichen Varianten und mit unterschiedlichem Leistungsvermögen angeboten. Es kann allerdings nicht Aufgabe dieses Buches sein, die dabei eingeschlagenen Lösungswege und die Qualität der einzelnen Simulations-

---

[35] Back-up-System, von engl. back-up = Hilfs-, Stütz-; Back-up-Systeme haben stets eine unterstützende bzw. ergänzende Funktion.

programme gegeneinander abzuwägen.

Einfache Inselsysteme, die nur zum Betrieb einiger weniger Geräte (z. B. Fernseher, Kühlschrank, Beleuchtung oder Radio) auszulegen sind, bleiben meist im Gleichspannungsbereich und können so auf einen Wechselrichter verzichten (Abb. 53). Hinsichtlich der Ausgangsspannung wird dabei der Solargenerator meist so verschaltet, daß ein Spannungsniveau von 12 oder 24 V erreicht wird. Das gesamte System einschließlich der betreffenden Geräte wird dann auf dieser Spannungsebene betrieben.

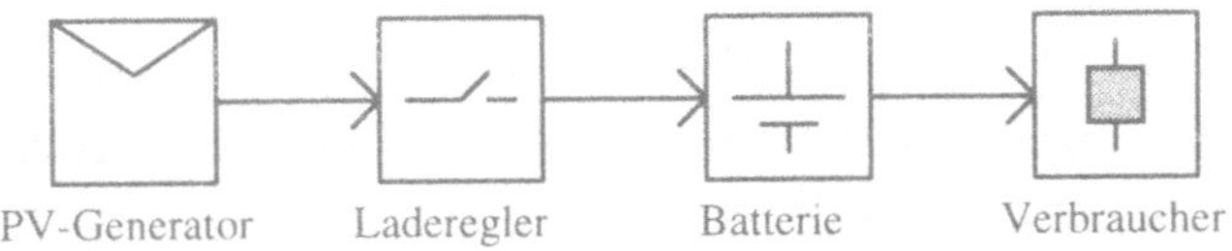

Abb. 53   Inselsystem im Gleichspannungsbereich (Solar-Home-System)

Derartige autarke photovoltaisch versorgte Gleichspannungssysteme zeichnen sich durch einen einfachen und anwenderfreundlichen Aufbau aus. Ihnen wird vor allem in Entwicklungsländern ein großes Potential zur Stromversorgung im ländlichen Bereich vorausgesagt. Nach Schätzungen der Europäischen Union und der UNO haben gegenwärtig 2 Mrd. Menschen, vor allem in den Ländern der Dritten Welt, keinen Anschluß an das öffentliche Stromversorgungsnetz. Etwa die Hälfte von ihnen lebt in Gebieten, die ihnen keinerlei Zugang zur Elektrizität ermöglichen. Der dazu erforderliche Ausbau eines flächendeckenden Versorgungsnetzes in diesen Ländern würde, vor allem auch wegen der jeweiligen geographischen Bedingungen, enorme Investitionsaufwendungen erfordern. Das dafür notwendige Geld ist aber meist nicht vorhanden. Andererseits ist der Pro-Kopf-Strombedarf der Bevölkerung in den Entwicklungsländern noch sehr gering. Er liegt bei nur etwa einer Kilowattstunde je Tag. Mit kleinen, einfach zu handhabenden Photovoltaiksystemen kann dieser Bedarf ohne Probleme gedeckt werden, zumal die meisten Entwicklungsländer zu jenen Regionen unseres Erdballs gehören, in denen die Einstrahlungsbedingungen besonders günstig sind. Man bezeichnet diese kleinen Anlagen häufig auch als "Solar-Home-Systeme". Ein solches System besteht typischerweise aus dem Solargenerator mit nur wenigen, meist ein bis zwei Solarmodulen, dem Laderegler und der Batterie (Abb. 53). Die Solar-Home-Systeme lassen sich den jeweiligen technischen, ökonomischen und soziologischen Erfordernissen in den betreffenden Einsatzländern gut anpassen.

Werden in einem Inselsystem mehrere Verbraucher mit größeren Leistungen betrieben, ist es vorteilhafter, das System für Wechselspannung auszulegen. Größere Leistungen erfordern nämlich höhere Spannungen wegen der sonst auftretenden Leitungsverluste. Hinzu kommt, daß die meisten Haushaltgeräte auf 230 V Wechselspannung eingestellt sind und ein entsprechendes Hausnetz mitunter bereits vorhanden ist. Unter diesen Voraussetzungen ist die Einbindung eines Wechselrichters erforderlich. Abb. 54 zeigt den prinzipiellen Aufbau eines solchen PV-Systems. Auch im Falle der Einbindung eines Wechselrichters in ein Inselsystem ist eine Anpassung des Gleichspannungsniveaus des Solargenerators an die Eingangsnennspannung des Wechselrichters erforderlich (s. Abschn. 4.2). Dies erfolgt über eine entsprechende Verschaltung des Solargenerators.

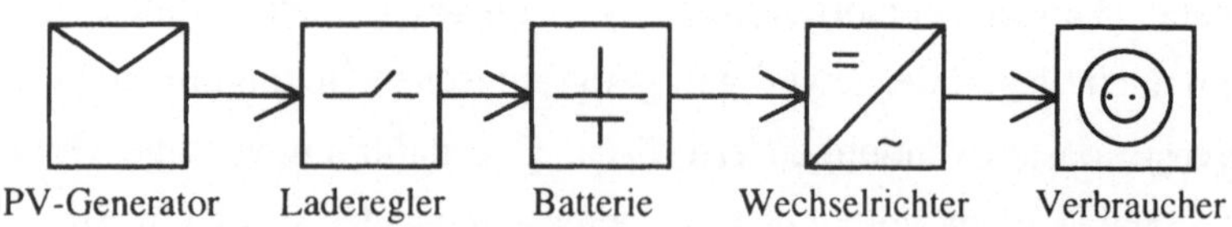

Abb. 54   Schema eines PV-Inselsystems mit Wechselspannungsausgang

Größere Inselanlagen verfügen zur Erhöhung der Versorgungssicherheit häufig noch über ein zweites Einspeisesystem (back-up-System). Derzeit kommen dabei überwiegend Motorgeneratoren zum Einsatz. Da aber derartige Inselanlagen vor allem in ökologisch sensiblen Gebieten wie Nationalparks oder in Gebirgsregionen stehen, ist man darum bemüht, die Laufzeit des dieselgetriebenen Motorgenerators durch entsprechende Anlagenauslegung und Maßnahmen zur Energieeinsparung so gering wie möglich zu halten. Als Beispiele für diese Art Inselsysteme seien hier die Berggaststätte der Bürgergemeinde Zermatt (Schweiz) am Matterhorn (Abb. 55) und die Freiburger Hütte des Deutschen Alpenvereins in den österreichischen Alpen (Abb. 56) genannt.

Abb. 55   PV-versorgte Berggaststätte bei Zermatt

Bei der Berggaststätte am Matterhorn wurde ein Solargenerator mit einer Leistung von 11,5 kWp in das Gebäudedach integriert. Die Anlage liefert den Strom für die Versorgung des Gaststättenbetriebes.

Bis zum Sommer 1993 wurde der zum Betrieb der Freiburger Hütte benötigte Strom ausschließlich über einen Dieselgenerator bereitgestellt. Seither wird die in den österreichischen Alpen (Bundesland Vorarlberg) in 1.931 m Höhe stehende Wanderunterkunft aus einem Solargenerator von 5 kWp Leistung mit Strom versorgt. In den Sommermonaten Juni bis September deckt die Solaranlage ca. 45 % des gesamten Strombedarfs der Hütte. An Tagen mit geringen Besucherzahlen kann sogar ganz auf den sonst notwendigen stundenweisen Zusatzbetrieb des Dieselgenerators verzichtet werden.

Abb. 56   Die Freiburger Hütte

Häufig wird bei Inselanlagen die Einbindung weiterer erneuerbarer Energiequellen, beispielsweise der Windenergie, in das Gesamtsystem angestrebt, um den Motorgenerator möglichst nur noch in wenigen Ausnahmefällen in Betrieb nehmen zu müssen. Wird der Motorgenerator allerdings mit Biogas[36] betrieben, ist auch hier die Nutzung einer erneuerbaren Energiequelle möglich.

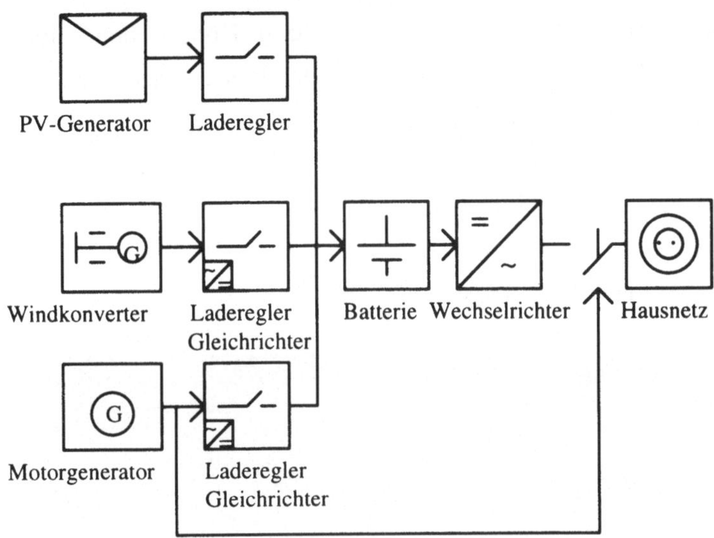

Abb. 57   Schema eines Hybridsystems bestehend aus Photovoltaik-Generator, Windenergiekonverter und Motorgenerator [Quelle: FhG-ISE]

Derartige Kombinationen mehrerer erneuerbarer Energiequellen zur Versorgung eines Inselsystems bezeichnet man, wie bereits erwähnt, im allgemeinen als Hybridsysteme. Unter ökologischen Gesichtspunkten sind sie besonders erstrebenswert. Abb. 57 zeigt das Schema eines solchen Hybridsystems. Da Batterien nur Gleichspannung spei-

---

[36] Die Biogaserzeugung beruht auf der anaeroben Fermentation organischer Substanz, d. h. auf deren Umsetzung durch methanbildende Bakterien in Abwesenheit von Sauerstoff. Genutzt werden überwiegend organische Rest- und Abfallstoffe, aber auch tierische und menschliche Fäkalien. Das durch die Umsetzung anfallende Gas (Biogas) hat je nach der konkreten Prozeßführung einen Methangehalt zwischen 50 und 70 %. Es kann für Kochprozesse, aber auch in Motorgeneratoren verwendet werden.

chern können (Abschn. 4.1), muß die vom Motorgenerator bzw. vom Windenergiekonverter gelieferte Wechselspannung zuvor gleichgerichtet werden.

Das in den Bayerischen Alpen in 1.765 m Höhe stehende Rotwandhaus (Abb. 58) wird über eine derartige Hybridanlage mit Strom versorgt. Eingebunden sind dabei

- Solargenerator; Leistung 5 kWp,
- Windenergiekonverter; Leistung 20 kW,
- Dieselgenerator; Leistung 40 kW.

Abb. 58   Das Rotwandhaus

Mit Hilfe der Wind- und Sonnenenergie lassen sich etwa 70 % des gesamten Elektroenergiebedarfs des Rotwandhauses aus erneuerbaren Energiequellen bereitstellen. Versorgt werden u. a. 60 Kompaktleuchtstofflampen, Haushaltgeräte und die Trinkwasserentkeimung.

Eine Sonderstellung unter den Inselsystemen nehmen die photovoltaischen Pumpensysteme (PVPS) ein. Wie schon ihre Bezeichnung erkennen läßt, handelt es sich dabei um Anlagen, die zur Förderung von Trink- und Brauchwasser insbesondere in abgelegenen Gebieten der Entwicklungsländer eingesetzt werden (Abb. 59).

PVPS zeichnen sich durch ihre Umweltfreundlichkeit und Zuverlässigkeit aus. Sie sind robust und stets unabhängig von anderen Energiequellen. Das bedeutet, daß sich PVPS problemlos insbesondere an jenen Orten installieren lassen, an denen der Wasserbedarf und entsprechende unterirdische Wasservorräte vorhanden sind. Ein öffentliches Versorgungsnetz oder der Aufbau einer speziellen Infrastruktur zum Heranschaffen von Treibstoff für den Pumpenantrieb sind nicht erforderlich.

Abb. 59   PV-versorgte Wasser-Pumpstation in Jordanien

PVPS haben zudem noch eine Besonderheit: aufgrund der bestehenden Korrelation zwischen Einstrahlung und Wasserbedarf (Trinkwasser, Wasser für die Feldbewässerung) kann bei ihnen fast immer auf einen Speicher für die Elektroenergie verzichtet werden. In vielen Fällen ist auch das geförderte Wasser selbst ein Speicher, d. h., die PVPS fördern bei sehr guten Einstrahlungsbedingungen mehr Wasser, als zu diesem Zeitpunkt tatsächlich benötigt wird. Bei geringerer Einstrahlung ist dann noch immer ausreichend Wasser vorhanden. Größere PVPS arbeiten allerdings vorwiegend mit Wechselspannung, so daß die Einbindung eines Wechselrichters in das System erforderlich ist. Sie bestehen daher meist aus den Komponenten Solargenerator, Wechselrichter, einschließlich Anpassungselektronik, Motor und Pumpe (Abb. 60). Nur in Ausnahmefällen ist noch eine Batterie als Speicher integriert. PVPS werden heute aus erprobten, serienmäßig hergestellten Komponenten gefertigt und finden insbesondere in Afrika und Asien ein breites Einsatzfeld.

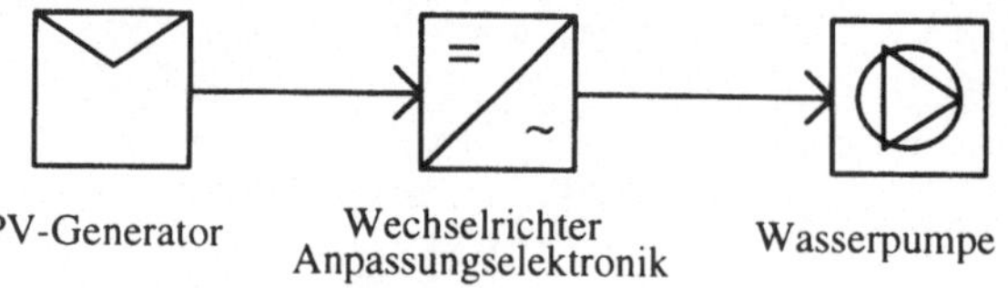

Abb. 60   Schema eines photovoltaischen Pumpensystems ohne Batteriespeicher

Und nicht zuletzt zählen zu den Inselsystemen auch alle Solarfahrzeuge, die als Antriebsenergie ausschließlich den Strom nutzen, der von den bordeigenen Solarzellen erzeugt wird (Abb. 61).
Alljährlich werden an verschiedenen Orten Europas und auch in Übersee Rallyes für Solarmobile durchgeführt. Als Beispiele seien hier die "Tour de Sol" in der Schweiz oder die "Tour de Ruhr" in Deutschland genannt. Am spektakulärsten ist wohl die "World Solar Challenge", eine Rallye für Solarmobile, die über 3.000 km quer durch

den australischen Kontinent führt. Bei diesen Veranstaltungen bringen es die speziellen Prototypmodelle der "Solaren-Formel-1"-Kategorie bis auf Spitzengeschwindigkeiten von 130 km/h und mehr.

Abb. 61   Solarmobil (Quelle: Archiv Hoffmann)

Es gibt aber auch schon photovoltaisch versorgte Wasserfahrzeuge. Und selbst Ultraleicht-Flugzeuge und Luftschiffe, bei denen Hochleistungssolarzellen, die sonst nur in der Raumfahrt eingesetzt werden, die elektrische Antriebsenergie liefern, wurden bereits entwickelt und getestet. Unabhängig von ihrer jeweils konkreten Gestalt verfügen alle diese Fahrzeuge über folgende Systemkomponenten:

- hocheffizienter Solargenerator, der in die äußere Fahrzeughülle integriert ist,
- Anpassungselektronik; sie sorgt für das ordnungsgemäße Zusam-

menspiel der einzelnen Systemkomponenten,

- leistungsfähiges Batteriespeichersystem, das sich durch hohe Speicherkapazität und ein möglichst geringes Gewicht auszeichnet,

- Drehstrommotor(e) zum Antrieb des jeweiligen Fahrzeuges.

Wie wir gesehen haben, umfassen die Inselsysteme eine sehr breite Palette von möglichen Anlagentypen. Zu ihnen gehören Kleinstanwendungen wie photovoltaisch versorgte Geräte und Solar-Home-Systeme ebenso sowie photovoltaische Pumpsysteme. Aber auch Anlagen zur Stromversorgung von einzelnen bzw. von mehreren Gebäuden sowie Solarfahrzeuge zählen zu den Inselsystemen. Charakteristisch für sie alle ist, daß sie nicht an das öffentliche Netz angeschlossen sind. Sie stellen somit autarke Versorgungslösungen dar, für die besondere Anforderungen hinsichtlich der systemtechnischen Auslegung gelten.

6   Elektrische Sicherheit von PV-Anlagen

Aus den bisherigen Ausführen läßt sich sicher leicht erkennen, daß PV-Anlagen eine Reihe von Besonderheiten aufweisen. Das gilt insbesondere für ihr Betriebsverhalten, das sich erheblich von dem des herkömmlichen öffentlichen Versorgungsnetzes unterscheidet. Besonders wichtig ist zu wissen, daß PV-Generatoren Stromquellen und keine Spannungsquellen sind. Ihr Nennkurzschlußstrom liegt daher nur wenig (1,2fach) über dem Nennstrom. Ein Solargenerator ist aus diesem Grunde unbegrenzt kurzschlußfest. Herkömmliche Überstromschutzvorrichtungen (Sicherungen mit Schmelzeinsatz oder Leitungsschutzschalter) sprechen hier nicht an, da sie zum schnellen Auslösen mindestens den dreifachen Nennstrom benötigen. Wie schon in Abschn. 2.3 dargelegt, liefern Solarzellen bereits bei geringer Bestrahlung eine Gleichspannung von 0,5 ... 0,6 V. Das bedeutet, daß man Solargeneratoren nicht einfach ausschalten kann, es sei denn, man deckt sie in ihrer vollen Ausdehnung mit lichtundurchlässigem Material ab [27]. Wenn die Anlage also gewissermaßen ständig "unter Spannung steht", läßt sie sich bei Fehlströmen, beispielsweise ausgelöst durch Isolationsdefekte an den Kabeln und Leitungen, nicht einfach abschalten.

Und schließlich gilt es zu beachten, daß Solargeneratoren Gleichstromquellen sind. Der für den sinusförmigen Wechselstrom charakteristische Nulldurchgang, der alle Abschaltvorgänge unterstützt und einen eventuell entstandenen Lichtbogen leichter verlöschen läßt, fehlt hier. Aus diesem Grunde sind oberhalb einer bestimmten Spannung, die Grenze liegt üblicherweise bei 60 V, spezielle Gleichspannungsschalter erforderlich. Eine Spannung von 60 V wird aber schon erreicht, wenn man drei Standardmodule in Reihe schaltet. Zudem haben fast alle der im Abschn. 5.3 beschriebenen Wechselrichter eine Eingangsnennspannung von mehr als 60 V. Aus diesem Grunde gehören auch die bereits erwähnten Varistoren zur Grundausstattung nahezu jeder PV-Anlage. Oberhalb einer bestimmten Spannung werden diese elektronischen Bauelemente leitend und ermöglichen so eine Begrenzung der Überspannung. Varistoren übernehmen diese Aufgabe auch im Rahmen des Blitzschutzes von PV-Anlagen. Herkömmliche Sicherungen mit Schmelzeinsatz, wie sie in jedem Haushalt zu finden sind, sucht man auf der Gleichstromseite einer PV-Anlage allerdings vergebens. Sie wären wirkungslos.

Speziellen Anforderungen unterliegen aber auch die Kabel und Leitungen in PV-Anlagen sowie das zugehörige Installationsmaterial. Auf Grund der meist exponierten Lage von PV-Systemen (Dachaufständerung, Fassadenintegration u. ä.) sind sie häufig direkt den unterschiedlichsten Witterungsbedingungen ausgesetzt. Geht man davon aus, daß ein Solargenerator heute eine Lebensdauer von 20 und mehr Jahren haben sollte, werden die besonderen Ansprüche, die an das Installationsmaterial zu stellen sind, sicher erkennbar. So können sich schlechte oder gelöste Klemmverbindungen ebenso fatal auswirken wie Isolationsdefekte an den Verschaltungsleitungen zwischen den einzelnen Solarmodulen. Als Ursachen für derartige Schäden sind beispielsweise Werkstoffermüdungen oder Versprödungen der Klemmenverbindungen bzw. der Isolation durch Umwelteinflüsse wie Feuchtigkeit, Wärme und UV-Strahlung denkbar. Bestimmte Tiere (u. a. Mäuse, Marder, Termiten) entwickeln gelegentlich eine geschmackliche Vorliebe für das Isolationsmaterial der Leitungen und Kabel. Auch mechanische Beschädigungen, hervorgerufen durch Vibration, Scheuern oder direkte Krafteinwirkung, können auftreten. Und nicht zuletzt kann die Isolation noch durch Überspannungen beschädigt werden. Sind die Leitungen zur Verschaltung der einzelnen Solarmodule zu einem PV-Generator nun nicht so verlegt, daß eine direkte Berührung von Plus- und Minusleiter ausgeschlossen ist, kommt es in solchen Fällen zwangsläufig zum Kurzschluß. Wie aber eben schon ausgeführt, spricht bei einem solchen Kurzschluß keine Sicherung an. Dafür kann sich jedoch unter bestimmten Voraussetzungen zwischen Plus- und Minusleiter ein Lichtbogen ausbilden. Im ungünstigsten Falle kann dieser so lange stehen, bis die Leiter durchgebrannt sind. Ein solcher Lichtbogen erreicht dabei Temperaturen von mehreren tausend Grad Celsius. Man kann sich sehr leicht vorstellen, was geschieht, wenn diese Leitungen auf brennbarem Material oder in dessen unmittelbarer Nähe liegen.

Die vorstehenden Ausführungen machen deutlich, daß die Leitungsisolation die größte Schwachstelle eines Solargenerators ist. Das gilt sowohl für das Isolationsmaterial und die Qualität der Leitungen und Kabel als auch für die Art der Verlegung der Leitungen auf der Rückseite des Solargenerators. Folgende Grundregeln sollten daher bei der Installation einer PV-Anlage beachtet werden [27]:

- Ausschließlich hochwertige Kabel, Leitungen und sonstige Installationskomponenten, beispielsweise Klemmenverbindungen, verwenden. Alle Materialien und Ausrüstungen sollten mindestens eine ebenso lange Lebensdauer aufweisen wie der Solargenerator. Wer hier spart, setzt am Ende einen erheblich höheren Betrag für Reparaturen und möglicherweise sogar für die Beseitigung von Havariefolgen zu.

- Kabel und Leitungen sollten so verlegt sein, daß sie weitgehend vor dem direkten Einfluß der Umwelt geschützt sind. Desweiteren sind durch die Art der Verlegung die Möglichkeiten einer mechanischen Beschädigung von Kabel, Leitungen und Klemmenverbindungen (Vibration, Scheuern, Tierfraß) möglichst auszuschließen.

- Kabel und Leitungen sind so zu verlegen, daß sich Plus- und Minusleiter niemals direkt berühren können. Weiterhin ist Sorge dafür zu tragen, daß eine solche direkte Berührung auch nicht durch Vibration, Zug- und / oder Stoßkräfte oder auf einem anderen Wege entstehen kann. Dies läßt sich beispielsweise sehr gut durch die Verwendung von geteilten oder getrennten Kabelkanälen oder die Verlegung von doppelt isolierten Ein- oder Zweiaderleitungen erreichen (Abb. 62). Eingesetzt werden aber auch Leitungen mit Abstandhalter oder Leitungen in einem Isolationsrohr.

Von zahlreichen Firmen werden heute Installationsmaterialien für PV-Anlagen angeboten, die den Ansprüchen dieser Technik voll entsprechen. Dieses Material sollte man im Interesse einer betriebssicheren Anlage unbedingt einsetzen.

Im übrigen gilt die DIN VDE 0100, die grundlegende Norm für die Errichtung von Elektroanlagen bis zu 1000 V in Gebäuden, auch für alle in diesem Bereich errichteten PV-Anlagen. Sie enthält ausführliche Hinweise zum Schutz gegen gefährliche Körperströme, zur Auswahl und Verlegung von Kabeln und Leitungen sowie zum Schutz gegen Kurzschluß und Überlast. Desweiteren sind in dieser Norm Empfehlungen zum Überspannungsschutz enthalten. Nun handelt es sich bei der photovoltaischen Systemtechnik bekanntermaßen um einen neuen Technologiebereich, dessen Besonderheiten in der genannten Norm nicht bis in das letzte Detail zu finden sind. Daher wurde die DIN VDE 0100 Teil 7xx "Photovoltaikanlagen" erarbeitet. Sie liegt derzeit allerdings nur als Entwurf vor [27].

Die Frage der elektromagnetischen Verträglichkeit (EMV) elektrotechnischer Anlagen oder elektronischer Geräte hat gerade in jüngster Zeit enorm an Bedeutung gewonnen. Es sei hier nur das Stichwort "Elektrosmog" genannt. Dabei besteht die Problematik der EMV bereits seit den Anfängen der Elektrotechnik. Solche Begriffe wie Funkstörungen, Netzrückwirkungen oder Überspannungen deuten letztlich alle auf die EMV-Problematik hin [41].

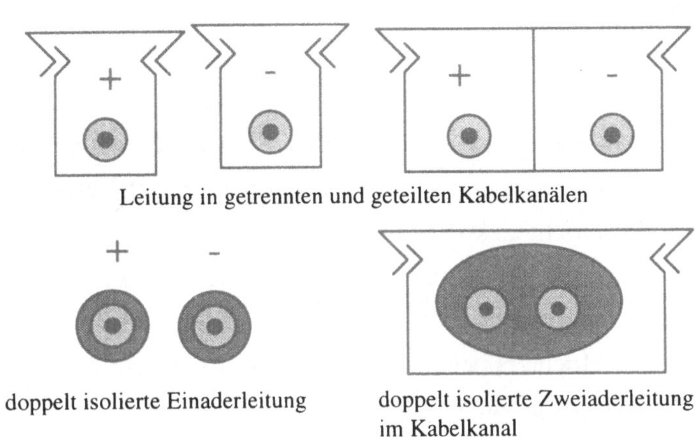

Abb. 62   Beispiele für kurzschlußsichere Leitungsverlegung [27]

Im Zusammenhang mit den Darlegungen der Aufgaben des Wechselrichters in einem PV-System wurde bereits festgestellt, daß er an seinem Ausgang eine netzkonforme Wechselspannung zur Verfügung stellen muß, die möglichst keine oder nur minimale Rückwirkungen auf das Netz selbst haben darf. Viele der heute in PV-Anlagen eingesetzten Wechselrichtertypen erfüllen die Anforderungen an eine EMV sowohl auf der Gleichspannungs- als auch auf der Wechselspannungsseite. Allerdings sind dennoch gelegentlich unzulässig hohe Funkstörspannungen, ungenügende Immunität gegen Rundsteuersignale[37] und zu hohe Oberschwingungsströme auf der Netzseite bei einzelnen Wechselrichtertypen zu verzeichnen.

Die Folgen können u. a. sein:

- Unzulässige Rückwirkungen auf das öffentliche Versorgungsnetz.

- Einwirkungen auf die unmittelbare Umgebung des entsprechenden Standortes; z. B. Störung des Fernseh- und / oder Rundfunkempfanges, Beeinträchtigungen der mikroelektronischen Steuerung von Haushaltgeräten.

- Beeinflussung der Funktion des Wechselrichters durch Rundsteuersignale. Hierbei kann es zu undefinierten Betriebszuständen des Wechselrichters kommen.

- Einwirkung des Netzes auf die Funktion des Wechselrichters. Auch in diesem Falle kann die ordnungsgemäße Funktion des Wechselrichters beeinträchtigt werden, es kommt zu Störungen im Betrieb der gesamten PV-Anlage.

In den Entwicklungslabors der Wechselrichterhersteller sind diese Effekte weitgehend bekannt. Man kann daher davon ausgehen, daß sie im Zuge der technischen Vervollkommnung der Wechselrichter Schritt für Schritt abgestellt werden.

Noch nicht eindeutig geklärt sind die Fragen der EMV von Solargeneratoren. Zu dieser Thematik laufen gegenwärtig beim Fraunhofer-Institut für Solare Energiesysteme umfassende Untersuchungen. Wie wir gesehen haben, stellt der Solargenerator zusammen mit der Ver-

---

[37] Rundsteuerung, Netz-Kommandotechnik, Zentralsteuerung; dient in elektrischen Niederspannungsnetzen zur Übertragung von Schaltbefehlen u. a. für Straßen- und Schaufensterbeleuchtung oder elektrische Speicherheizungen.

kabelung ein ausgedehntes, zu großen Teilen leitfähiges Gebilde dar, bei welchem häufig nur mechanische Konstruktionselemente geerdet aufgebaut werden können. Es ist also davon auszugehen, daß der Solargenerator sowohl zur Aussendung als auch zur Absorption höherfrequenter elektromagnetischer Wellen in der Lage ist. Im Rahmen der Untersuchungen soll nun ergründet werden, ob bzw. in welchem Umfang und unter welchen Bedingungen eine solche Annahme stimmt.

Obwohl die Fragen des Blitzschutzes bei PV-Anlagen, die in das Dach oder die Fassade eines Gebäudes eingebunden sind, eine nicht unerhebliche Rolle spielen, soll dieses Thema hier abschließend nur kurz gestreift werden. Generell ist dabei zu unterscheiden zwischen dem äußeren und dem inneren Blitzschutz.

Aufgabe des *äußeren Blitzschutzes* ist es, die Auswirkungen eines direkten Blitzeinschlages in die PV-Anlage so gering wie möglich zu halten, d. h., ein großer Teil des Blitzstromes ist auf sicherem Wege in die Erde abzuleiten. Dies läßt sich immer dann leicht bewerkstelligen, wenn an dem Gebäude, an dem sich die PV-Anlage befindet, bereits eine Blitzschutzvorrichtung vorhanden ist. In diesem Falle sind sowohl die metallene Unterkonstruktion als auch die Solarmodulrahmen gut leitend mit der vorhandenen Blitzschutzvorrichtung zu verbinden. Bei einer besonders exponierten Aufstellung des PV-Generators ist ein Direkteinschlag in diesen durch eine gesonderte Auffangvorrichtung (Blitzableiter) zu verhindern. Ist an dem betreffenden Gebäude keine äußere Blitzschutzanlage vorhanden, so sind die metallene Tragkonstruktion und die Solarmodulrahmen über eine isolierte Leitung mit der im Baugrund liegenden Erdleitung zu verbinden. Dabei muß ein Kabel verwendet werden, dessen Leitfähigkeit mindestens der einer Kupferleitung von 16 mm² Querschnitt entspricht [2].

Beim *inneren Blitzschutz* geht es darum, die Modulverdrahtung, den

Modulanschlußkasten, die Solargeneratorhauptleitung sowie den Laderegler und den Wechselrichter vor Überspannungen zu schützen. Diese können entweder durch einen direkten Blitzeinschlag in das Gebäude oder durch einen solchen in der Umgebung hervorgerufen werden. Bei letzterem gilt, daß die elektronischen Vorrichtungen soweit zu schützen sind, daß bei Blitzeinschlägen in über 100 m Entfernung keine Schäden auftreten können [2]. Der Schutz vor Überspannungen wird durch den Einsatz der bereits erwähnten Varistoren gewährleistet. Wie wichtig der innere Blitzschutz bei Blitzeinschlägen in der Umgebung ist, hat beispielsweise das 1000-Dächer-Programm (Abschn. 5.1) gezeigt. Hier wurden gelegentlich Schäden bzw. Betriebsstörungen am Wechselrichter beobachtet, die auf einen Blitzeinschlag in größerer Entfernung zurückzuführen waren.

Es würde sicher zu weit führen, hier alle Details des inneren und äußeren Blitzschutzes und die dabei erforderlichen einzelnen Maßnahmen aufzuzeigen. Das Erstellen und die Umsetzung eines entsprechenden Schutzkonzeptes für eine PV-Anlage hat stets von einem Fachmann zu erfolgen. Dabei sind die jeweiligen Gegebenheiten der PV-Anlage zu berücksichtigen. Das gilt u. a. für die Art der Aufstellung des PV-Generators, die eingesetzten Geräte und das verwendete Material.

7 Wichtige Begriffe der PV-Anwendung

Im Zusammenhang mit der Bewertung der Güte bzw. der Effektivität von PV-Anlagen werden in der einschlägigen Fachliteratur zahlreiche Begriffe aufgeführt. Nicht immer ist dabei eindeutig zu erkennen, was genau unter dem jeweiligen Fachausdruck zu verstehen ist. Und mancher der Begriffe wird von den einzelnen Autoren auch unterschiedlich definiert. Nachfolgend werden die wichtigsten Begriffe aus dem Bereich der Nutzung von PV-Anlagen kurz beschrieben. Grundlage für die dabei gegebenen Definitionen sind Veröffentlichungen zu bereits laufenden Meß- und Demonstrationsprogrammen [35] sowie zum 1000-Dächer-Programm.

Solargeneratornennleistung - wie bereits in Abschn. 2.3 ausgeführt, besteht ein Solargenerator stets aus mehreren Solarmodulen, die in Reihe zu Strings verschaltet sind. Die Strings wiederum sind parallel verschaltet. Das Konzept der Verschaltung eines Solargenerators wird im wesentlichen von der Eingangsspannung des verwendeten Wechselrichters bestimmt.

Die Nennleistung der einzelnen Module wird von den Herstellern unter STC (s. Abschn. 2.3) gemessen. Die dabei zulässige Toleranz der Angabe beträgt ± 10 %. Die Solargeneratornennleistung $P_{peak(inst)}$ erhält man durch Multiplikation der angegebenen Modulleistung mit der Anzahl der zum Solargenerator gehörenden Module. Sie wird üblicherweise mit kWp angegeben.

Wechselrichter- bzw. Inverternennleistung - für die Auslegung einer PV-Anlage (Bestimmung des Leistungsverhältnisses) ist vor allem die Eingangsnennleistung des Wechselrichters P_{InvIn} von Bedeutung. Der Vollständigkeit halber sei vermerkt, daß in den technischen Daten für einen Wechselrichter gelegentlich auch ein Hinweis auf die wechselspannungs(AC)-seitige Nennleistung zu finden ist. Zwischen beiden besteht über die Wirkungsgradkennlinie des Wechselrichters ein direkter Zusammenhang. Je effizienter der Wechselrichter arbeitet, um so geringer ist der Unterschied in der Nennleistung zwischen dessen DC- und AC-Seite.

Leistungsverhältnis - das Leistungsverhältnis L gibt das Verhältnis zwischen der Eingangsnennleistung des Wechselrichters bzw. Inverters P_{InvIn} und der Ausgangsnennleistung des Solargenerators $P_{peak(inst)}$ an. Es gilt daher:

$$L = \frac{PInvIn}{Ppeak(inst)} \; .$$

Es handelt sich beim Leistungsverhältnis um einen Entwurfsparameter für die Anpassung der in der PV-Anlage eingesetzten Komponenten Solargenerator und Wechselrichter. Im allgemeinen wird darauf orientiert, daß das Leistungsverhältnis im Bereich von 0,7 ... 0,9 liegt, die Eingangsnennleistung des Wechselrichters sollte also stets kleiner sein als die Ausgangsnennleistung des Solargenerators. Wie bereits oben angeführt, wird die Nennleistung der Solarmodule von den Herstellern unter den STC vermessen. Diese Bedingungen gelten dann auch für den gesamten Solargenerator. Seine angegebene Nennleistung kann er also nur bei einer Bestrahlungsstärke von 1000 W/m², einer Modultemperatur von 25°C und AM1,5 erreichen. Unter den natürlichen Bedingungen am konkreten Standort einer PV-Anlage kommen diese drei Werte aber nur in den seltensten Fällen zur gleichen Zeit vor (s. Abschn. 2.3). Daraus folgt zwangsläufig, daß der Solargenerator über große Zeiträume hinweg nur im Teillastbereich arbeitet und daher ein Wechselrichter mit einer Eingangsnennleistung, die kleiner ist als die Solargeneratornennleistung, ausreichend ist. Die Untersuchungen im Rahmen des 1000-Dächer-Programms ergaben allerdings, daß das Leistungsverhältnis bei netzgekoppelten Anlagen keinen signifikanten Einfluß auf Anlagenertrag und Performance Ratio (wird nachfolgend noch erläutert) und somit auf die Güte einer PV-Anlage hat. Selbst Anlagen mit einem $L > 1,3$ erzielten noch gute Ergebnisse.

Genutzte Solarenergie - Bei netzgekoppelten PV-Anlagen ist die von den modernen Invertern aus dem Netz aufgenommene Energie vernachlässigbar gering (vgl. Abschn. 4.2). Weiterhin wird davon ausgegangen, daß bei netzgekoppelten PV-Anlagen die am Wechselrichter- bzw. Inverterausgang gemessene Energiemenge (E_{InvOut}) entweder direkt in dem betreffenden Haus oder aber nach der Einspeisung in das Netz an einer anderen Stelle vollständig genutzt wird. Daher gilt

$$E_{InvOut} = E_{PVuse} \, ,$$

d. h., die Energie am Wechselrichterausgang *(E_{InvOut})* ist gleich der genutzten Energie *(E_{PVuse})*. Bei Inselsystemen, in denen ein Wechselrichter zum Einsatz kommt, gilt diese Anahme analog. Wird eine Inselanlage ausschließlich im Gleichspannungsbereich betrieben, so ist E_{PVuse} gleich der Energie am Batterieausgang. Gehören zu einer Inselanlage noch andere Energieerzeuger (beispielsweise Dieselgenerator und/oder Windenenergiekonverter), dann ist zur Ermittlung von E_{PVuse} die von ihnen bereitgestellte Energie abzuziehen.

Anlagenertrag (Y_f) - er gibt an, wieviel Energie bezogen auf die installierte Solargeneratornennleistung $P_{peak(inst)}$ im betrachteten Zeitraum t_d den Verbrauchern zur Verfügung steht. In die Gleichung geht dabei die von einem speziellen geeichten Erzeugungszähler gemessene Energiemenge ($E_{InvOut} = E_{PVuse}$) ein. Demzufolge errechnet sich der Anlagenertrag, der häufig auch mit *final yield* (Y_f) bezeichnet wird, wie folgt:

$$Y_f = \frac{EPVuse}{Ppeak(inst) \cdot t_d} \; .$$

Er wird in kWh/kW pro Zeiteinheit angegeben.

Durch die Normierung auf die installierte Nennleistung des Solargenerators ist der Wert des Anlagenertrages nicht mehr von der Anlagenleistung abhängig. Er wird aber beeinflußt von:

- den Einstrahlungsbedingungen am jeweiligen Standort (Bestrahlungsstärke bzw. Strahlungsenergie, Neigung der Modulflächen, eventuell vorhandene Abschattungen),
- den Systemausfällen bzw. Abschaltungen der Anlagen oder der Anlagenkomponenten,
- dem Eigenverbrauch des Wechselrichters.

Für den Besitzer einer PV-Anlage ist die Höhe des jährlichen Anlagenertrages eine besonders interessierende Größe. Sagt sie doch aus, wieviel "Solarstrom" das eigene Kraftwerk, bezogen auf ein Kilowatt installierte Nennleistung, liefert.

In Tabelle 6 ist der durchschnittliche Anlagenertrag von 1000-Dächer-Anlagen für die Jahre 1992 bis 1994 für eine jeweils steigende Anzahl von Anlagen aufgeführt. Es wird erkennbar, daß dieser Wert in allen drei Jahren mit rund 700 kWh/kWp annähernd gleich groß ist. Setzt man die durchschnittliche Höhe der jährlichen Globalstrahlung in Deutschland von rund 1.000 kWh/m²/a und eine erforderliche Solargeneratorfläche von ca. 9 m²/kWp an, so läßt sich der durchschnittliche Anlagenwirkungsgrad für die bisher in Betrieb befindlichen 1000-Dächer-Anlagen relativ einfach ermitteln. Er liegt bei knapp 8 %.

Tabelle 6   Anlagenertrag von PV-Anlagen aus dem 1000-Dächer-Programm [Quelle: FhG-ISE]

Jahr	Anzahl der Anlagen	durchschnittlicher Anlagenertrag (kWh/kWp)
1992	68	700
1993	804	707
1994	1195	695

Um die in Tabelle 6 aufgeführte durchschnittliche Höhe des Anlagenertrages gibt es in den jeweiligen Jahren stets eine erhebliche Streubreite. Als Beispiel ist in Abb. 63 die Häufigkeitsverteilung des Anlagenertrages von 1195 PV-Anlagen aus dem 1000-Dächer-Programm im Jahre 1994 mit einer Bandbreite von < 400 kWh/kWp bis > 1.000 kWh/kWp dargestellt. Die Ursachen für derartig große Unterschiede sind u. a. darin zu suchen, daß nicht alle PV-Anlagen im 1000-Dächer-Programm verschattungsfrei und exakt nach Süden ausgerichtet sind. Auch der Neigungswinkel des Solargenerators beträgt nicht in allen Fällen 30°. Und nicht zuletzt beeinflussen Anlagenstörungen und Anlagenausfälle sowie die in Abschn. 3.2 aufgezeigten Unterschiede in den Jahreswerten der Globalstrahlung zwischen Nord- und Süddeutschland die Höhe des jeweiligen Anlagenertrages und damit die Häufigkeitsverteilung in Abb. 63 ganz erheblich. So stehen beispielsweise die meisten Anlagen mit einem Anlagenertrag von mehr als 950 kWh/kWp in den Bundesländern Bayern und Baden-Württemberg.

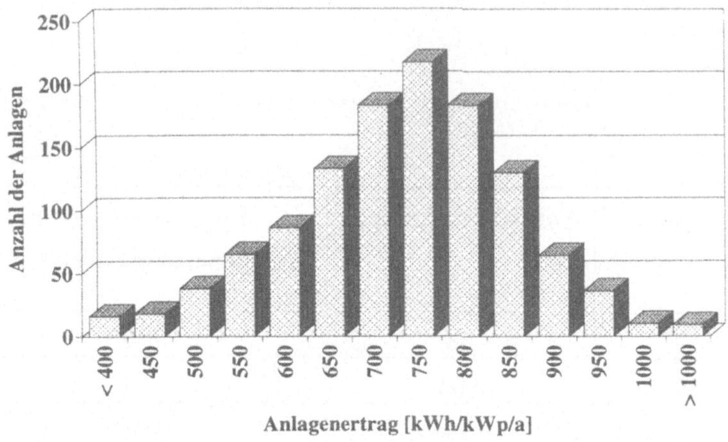

Abb. 63   Häufigkeitsverteilung des Anlagenertrages von 1195 PV-Anlagen des 1000-Dächer-Programms im Jahre 1994 [Quelle: FhG-ISE]

Performance Ratio (P_R) - wie fast alle Fachausdrücke der Photovoltaik wurde auch die Performance Ratio aus dem Englischen entlehnt. Trotz zahlreicher Versuche, dafür eine adäquate deutsche Bezeichnung zu finden, gibt es diese bisher noch nicht. Der Begriff Performance Ratio hat sich daher allgemein eingebürgert. Er charakterisiert die Güte des Zusammenspiels aller Komponenten in einer PV-Anlage. Für die Ermittlung der Performance Ratio wird die genutzte Energie, also die am Wechselrichterausgang bzw. die von dem Erzeugungszähler gemessene Energiemenge ($E_{PV_{use}}$), auf die vom jeweiligen Standort abhängige Einflußgröße "Bestrahlung in Modulebene" normiert. Daher kann die Performance Ratio nur für solche Anlagen ermittelt werden, in denen eine Vorrichtung zur Messung der Strahlungsenergie (Pyranometer oder SI-Sensor) vorhanden ist. Diese Meßvorrichtung muß in der Modulebene angebracht sein. Mit Hilfe der Performance

Ratio wird es möglich, PV-Anlagen an verschiedenen Standorten miteinander zu vergleichen. Sie kennzeichnet die Ausnutzung der betreffenden Anlage im Vergleich zu einer verlustfrei und unter nominellen Bedingungen arbeitenden Anlage.

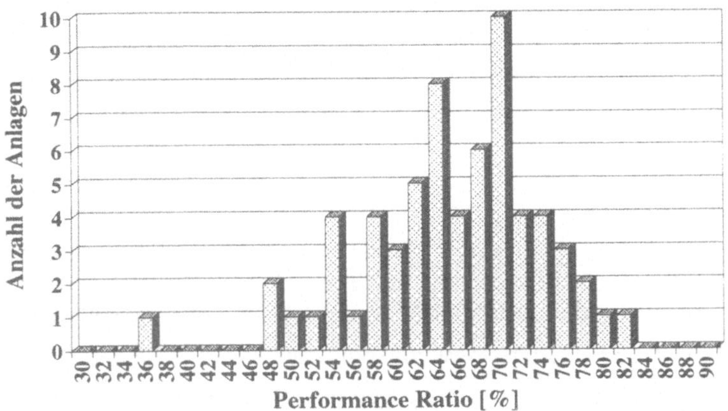

Abb. 64   Verteilung der Performance Ratio von 65 Anlagen im 1000-Dächer-
Programm (Jahresmittelwerte 1994) [Quelle: FhG-ISE]

Die Performance Ratio ist der Quotient aus genutzter Solarenergie E_{PVuse} und nomineller Energieerzeugung. Sie ist damit ein Maß für die Güte der Anlagen. In ihre Berechnung geht auch der Wirkungsgrad η des Solargenerators unter Standardtestbedingungen (s. Abschn. 2.3) ein. Die Performance Ratio wird stets in Prozent angegeben und errechnet sich wie folgt:

$$P_R = \frac{100 \cdot E_{PVuse}}{\eta_{STC} \cdot E_{EINSTRAHL}} \cdot$$

Gut ausgelegte PV-Anlagen erreichen eine Performance Ratio von

>65 %, d. h., diese Anlagen liefern im praktischen Betrieb mehr als 65 % der nominell möglichen Elektroenergie. Für 65 PV-Anlagen des 1000-Dächer-Programms betrug die Performance Ratio im Durchschnitt des Jahres 1994 rund 65%. Die beste Anlage erreichte 82% (Abb. 64).

Anlagenwirkungsgrad (η_G); gibt an, wieviel Prozent der in der Modulebene eingestrahlten Energie als genutzte Energie am AC-Ausgang des Wechselrichters zur Verfügung steht:

$$\eta_G = \frac{E_{InvOut}}{E_{EINSTRAHL}} \; .$$

Der Anlagenwirkungsgrad wird u. a. bestimmt vom Modulwirkungsgrad unter STC, dem Wirkungsgrad des Wechselrichters und den Verlusten in den zum System gehörenden Leitungen. PV-Anlagen mit Wechselspannungsausgang und kristallinen Solarzellen erreichen heute ein η_G zwischen 7 und 8 %, in Ausnahmefällen bis 10 %.

Spezifischer Flächenbedarf; gibt an, welche Fläche für ein kWp Solargeneratornennleistung erforderlich ist. Allgemein gilt, daß bei kristallinen Solarzellen etwa 8 bis 10 m² Solargeneratorfläche/kWp benötigt werden.

Solare Deckungsrate (D_S); stellt die erzeugte Solarenergie *(E_{InvOut})* zum Gesamtstromverbrauch des Hauses *(E_{Haus})* ins Verhältnis. Sie berechnet sich wie folgt:

$$D_S = 100\,\frac{E_{InvOut}}{E_{Haus}} \; .$$

Die Solare Deckungsrate wird in Prozent angegeben. Für Inselsysteme gilt die vorstehende Formel analog. Wobei Inselsysteme, die ausschließlich über einen Solargenerator versorgt werden, natürlich eine solare Deckungsrate von 100% aufweisen.

Wenn beispielsweise ein Haushalt pro Jahr etwa 3.500 kWh Strom verbraucht, dann ermöglicht ein Solargenerator mit einer Leistung von 2,5 kWp eine solare Deckungsrate von ca. 50 %. Dabei wurde ein jährlicher Anlagenertrag von 700 kWh/kWp zugrundegelegt. Die im Rahmen des 1000-Dächer-Programms errichteten Anlagen erreichten im Jahre 1994 eine durchschnittliche Solare Deckungsrate von 51 %. Allerdings kann diese bei kleinen Anlagen bzw. bei einem überdurchschnittlichen Stromverbrauch des Haushaltes auch unter 20 % liegen. Anlagen mit einer Leistung von mehr als 4 kWp auf einem Einfamilienhaus erreichen häufig eine solare Deckungsrate von über 100 %. Unter zwei Voraussetzungen kann bei netzgekoppelten PV-Anlagen die solare Deckungsrate generell den Wert von 100% überschreiten:

- Der Solargenerator wurde entweder von vornherein so dimensioniert, daß er mehr Energie bereitstellt, als von den Verbrauchern in dem betreffenden Haus benötigt wird, oder die Hausbewohner gehen besonders sparsam mit dem solar erzeugten Strom um. Der in beiden Fällen erreichte Überschuß wird dann in das öffentliche Netz gespeist.

- Die Bewohner des Hauses sind für längere Zeit abwesend. Die vom Solargenerator bereitgestellte Energie kann demzufolge nicht oder nur in sehr geringen Mengen selbst genutzt werden. Sie wird fast ausschließlich in das Netz gespeist. Eine solche Möglichkeit ist beispielsweise bei Ferien- oder Wochenendhäusern gegeben.

8   Resümee und Ausblick

Die photovoltaische Stromerzeugung ist längst keine exotische Technik zur Energiebereitstellung mehr, wie dies vielleicht noch vor zehn Jahren der Fall war. In bestimmten Anwendungsbereichen hat sie sich einen festen Platz erobert. So sind beispielsweise Kommunikationssysteme in zahlreichen Ländern der Erde ohne die Stromversorgung aus Solarzellen überhaupt nicht denkbar. Gleiches gilt auch für Pumpanlagen zur Wasserversorgung sowie für die Solar Home Systeme in der Dritten Welt.

Aber auch in unseren Breiten ist die Photovoltaik auf dem Vormarsch, und allein die Anzahl der gegenwärtig in Deutschland betriebenen PV-Systeme ist beträchtlich. Man denke nur an die mehr als 2.000 im Rahmen des 1000-Dächer-Programms errichteten Anlagen. Auch die Bandbreite der möglichen Systemvarianten und die der Einsatzmöglichkeiten photovoltaischer Systeme, von der in den Kapiteln 4 und 5 nur eine kleine Auswahl gegebenen werden konnte, ist unbestritten höchst erstaunlich. Allerdings bleibt festzustellen, daß die installierte elektrische Leistung der gegenwärtig in Betrieb befindlichen PV-Anlagen, gemessen an der konventioneller Kraftwerke, noch sehr gering ist. So beträgt die bisher in Deutschland installierte PV-Leistung noch nicht einmal 10 MWp.

Daraus ergibt sich ein deutlicher Widerspruch, der eine Art "gordischer Knoten" der PV-Anwendung ist: einerseits hat die PV ihre technische Einsatzreife längst bewiesen, andererseits ist diese Technik noch sehr teuer. Weil aber die Photovoltaik heute noch sehr kostenaufwendig ist, gibt es nur eine geringe Nachfrage. Und wegen der geringen Nachfrage können photovoltaische Systemkomponenten nicht in großen Stückzahlen preisgünstig hergestellt werden. Wenn man so will, ist dies die bekannte Geschichte von der Katze, die versucht, sich in den eigenen Schwanz zu beißen. Auswege gibt es eigentlich nur in zwei Richtungen: zum einen sollte die kostendeckende Vergütung des photovoltaischen Stroms selbstverständlich werden, d. h., der Betreiber einer netzgebundenen PV-Anlage erhält für den von ihm in das Netz eingespeisten Strom die tatsächlich angefallenen Kosten erstattet. Sie liegen derzeit bei etwa 2,- DM/kWh. Andererseits sollte generell auch über die Kostenstruktur der konventionellen Energieträger nachgedacht werden. Es ist allgemein unbestritten, daß darin längst nicht alle Kosten enthalten sind, die bei der Gewinnung, der Umwandlung und dem Einsatz von Kohle, Erdgas oder Erdöl anfallen. In besonderem Maße gilt das natürlich für die Kernenergie.

Ungeachtet des hohen Preises von PV-Anlagen gibt es bereits heute Bereiche, in denen die photovoltaische Stromversorgung wirtschaftlich eingesetzt werden kann. Das gilt insbesondere für Inselsysteme, bei denen die Kosten für die gesamte Anlage häufig geringer sind als der sonst erforderliche Anschluß an das öffentliche Netz. Abgesehen davon, daß ein solcher Anschluß in vielen Fällen gar nicht geschaffen werden kann oder darf. Man rechnet derzeit mit Investitionskosten von etwa 20.000,- bis 25.000,- DM/kWp bei netzgekoppelten Anlagen und zwischen 35.000,- und 50.000,- DM/kWp bei Inselsystemen, je nach Auslegung des Batteriesystems.

Schätzungen der EU haben ergeben, daß bei Beibehaltung der gegenwärtigen wirtschaftlichen Rahmenbedingungen im Jahre 2010 in Europa rund 1800 MWp an photovoltaischer Leistung installiert sein könnten. Will man den derzeitigen Strombedarf der EU über photovoltaische Systeme decken, dann würde dies eine jährliche Modulproduktion von rund 2 GWp erfordern. Um dies zu erreichen, wären Investitionen in Höhe von mehreren Milliarden US-Dollar vor allem für neue Fertigungskapazitäten notwendig. Aber natürlich ist es mit einer bloßen Ausdehnung der Produktion nicht einfach getan. Zusätzlich müssen die Herstellungskosten für Solarzellen bzw. Solarmodule sowie die für die anderen Systemkomponenten deutlich reduziert werden. Und nicht zuletzt kommt es darauf an, den Wirkungsgrad aller Systemkomponenten zu verbessern. Ganz allgemein lassen sich daher die nachfolgend aufgeführten Entwicklungsschwerpunkte für die Photovoltaik ableiten:

- Reduzierung der spezifischen Anlagenkosten,
- Erhöhung des Umwandlungswirkungsgrades der Anlagen bzw. einzelner Anlagenkomponenten,
- Ausbau der Fertigung bzw. Erhöhung der Produktion für die technisch bereits erprobten Solarzellentypen,
- neuartige Konzepte für die photovoltaische Konversion.

Wenden wir uns zunächst den Fragen der technischen Weiterentwicklung zu.

Verbesserung des Wirkungsgrades kristalliner Si-Zellen; im Labormaßstab werden bereits monokristalline Solarzellen mit einem Wirkungsgrad von 23 % hergestellt. Das ist nur wenig unter dem theoretisch erreichbaren Maximalwert. Bei Zellen aus der industriellen Fertigung liegt der Wirkungsgrad kristalliner Zellen derzeit dagegen erst bei etwa 14 %. Man ist sich heute darüber einig, daß für industriell gefertigte Zellen durchaus Wirkungsgrade von 17 bis 18 % möglich sind, wobei zum Erreichen dieses Zieles u. a. folgende Wege beschritten werden:

- Texturierung der vorderseitigen Solarzellenoberflächen auf photochemischem Wege oder durch den Einsatz von Laser (vgl. Abschn. 2.1),
- Optimierung des Grids; u. a. durch Entwicklung besonders dünner Leiterbahnen und / oder Versenkung des Grids auf der vorderseitigen Solarzellenoberfläche in schmale Gräben,
- Herstellung von besonders reinem Si als Ausgangsmaterial für Solarzellen.

Neuartige Konzepte für Solarzellen aus kristallinem Si; wobei vor allem die *Konzentrator-Zellen* von besonderem Interesse sind. Bei ihnen schafft man auf einem kristallinen Wafer durch eine entsprechende Behandlung kleine Konzentrationspunkte mit unterschiedlichem Durchmesser und unterschiedlichen Konzentrationsbereichen. Im Gegensatz zu den herkömmlichen Solarzellen ist bei diesen sogenannten Punktkontaktzellen der pn-Übergang nicht mehr ganzflächig auf der dem Licht zugewandten Seite angeordnet. Er besteht vielmehr nur noch aus einzelnen Punkten und liegt auf der lichtabgewandten Seite. So kommt es auf der Vorderseite nicht mehr zu Abschattungen. Mit derartigen Konzentrator-Zellen wurden im Labor bereits Wirkungsgrade von 28 % erreicht.

Verwechselt wird dieser Weg relativ häufig mit den Versuchen, den Wirkungsgrad kristalliner Solarzellen mittels angekoppelter Vorrichtungen zur Bündelung (Fokussierung) der Sonnenstrahlen zu erhöhen. Verwendet werden dazu Spiegelsysteme und / oder Linsen. Dabei ist eine exakte Nachführung der Fokussierungseinrichtungen entsprechend dem jeweils aktuellen Sonnenstand erforderlich (vgl. Abschn. 3.3). Nur so ist gesichert, daß die Strahlenkonzentration stets auf der Solarzellenoberfläche erfolgt. Durch die Strahlenbündelung ergibt sich eine höhere Einstrahlung je Flächeneinheit auf die Zellen, was zu einer größeren Leistungsabgabe führt. Diese wird aber wieder beeinträchtigt durch die bereits beschriebene Tatsache, daß sich die Leistungsabgabe von Solarzellen bei der Erwärmung ganz erheblich verringert. Als ein Beispiel sei das PV-Kraftwerk von Carrisa Plains erwähnt. Die Anlage im US-Bundesstaat Kalifornien hatte bei ihrer Inbetriebnahme eine Spitzenleistung von 6,5 MW. Später ergänzte man einen Teil der Solargeneratoren mit großen Spiegeln. Die Konstrukteure erhofften sich durch die so mögliche verstärkte Bestrahlung der Solarmodule eine erhöhte Leistungsabgabe des PV-Kraftwerkes. Jedoch das Gegenteil trat ein: die Solarzellen erhitzten sich bis auf 60°C, die Leistung des Kraftwerkes ging deutlich zurück. Teilweise baute man die Spiegel wieder ab. Eine andere Alternative wäre die kontinuierliche, energieaufwendige Kühlung der Solarzellen gewesen.

Solarzellen mit einer gekoppelten Fokussierungsvorrichtung werden gegenwärtig auf der Basis von Si und GaAs im Labor bei einer bis zu mehr als hundertfachen Strahlenbündelung erprobt. Es gibt aber auch schon einige größere Anlagen mit einer geringeren Strahlenfokussierung im praktischen Einsatz, u. a. in Saudi-Arabien und in den USA. In der Tagespresse liest man bei der Beschreibung des Verfahrens gelegentlich ebenfalls den Begriff der Konzentratorzelle. Er wird hier aber unzutreffend verwendet. Der wesentliche Unterschied der beiden Wege besteht darin, daß man bei den Solarzellen mit gekoppelter Foskussierungsvorrichtung die mittels Spiegel und / oder Linsen konzentrierte Sonnenstrahlung auf eine herkömmliche kristalline Solarzelle richtet, während es sich bei der Konzentratorzelle um eine völlig neuartige Zelltechnologie handelt.

Wie bereits in Abschn. 3.1 dargelegt, weist die einfallende Solarstrahlung in Mitteleuropa über das gesamte Jahr hinweg betrachtet einen relativ hohen Anteil an diffuser Strahlung auf. Nun läßt sich die Diffusstrahlung bekanntlich nicht mit Hilfe von optischen Vorrichtungen wie Spiegeln oder Linsen konzentrieren. Lediglich der vom Fraunhofer-Institut für Solare Energiesysteme Freiburg vor einigen Jahren entwickelte Floureszenz-Kollektor[38] bietet bis zu einem gewissen Grad eine solche Möglichkeit. Allerdings erlaubt auch er keine punktförmige Fokussierung der Sonnenstrahlen. Mit konzentrierenden Systemen gekoppelte PV-Anlagen haben daher in Mitteleuropa nur eine äußerst geringe Bedeutung. Wenn man sich dennoch in den einschlägigen Forschungs- und Entwicklungslabors mit ihnen befaßt, dann stets im Hinblick auf den geplanten Einsatz in südlicheren Gebieten oder, wie bei dem Floureszenzkollektor, im Zusammenhang mit der Entwicklung photovoltaisch versorgter Geräte.

Zwei Solarzellenkonzepte auf der Grundlage von Silicium, die gerade in der jüngsten Zeit für erhebliches Aufsehen in der Presse sorgten, sollen hier noch vorgestellt werden:

Kugelelement-Solarzelle; bei ihr wird metallurgisches Si zunächst gemahlen und das erhaltene Pulver anschließend so weit erhitzt, bis es

---

[38] Der plattenförmige Floureszenz-Kollektor (FLUKO) besteht aus einem hochtransparenten Kunststoff, in den ein spezieller Floureszenzfarbstoff eingearbeitet ist. Die Platte absorbiert einen Teil des Umgebungslichtes und strahlt dieses Licht in Form von Floureszenz wieder ab. Aufgrund der Totalreflexion an den großen Plattenflächen kann das Floureszenzlicht an diesen Stellen nur zu einem kleinen Teil die Platte verlassen, der Rest bleibt gefangen und wird zu den Kanten der Platte geführt. An den Plattenkanten ist die Totelreflexion aufgehoben, das Floureszenzlicht kann dort austreten. Da die lichtempfangende Oberfläche des FLUKOs erheblich größer ist als die lichtabgebende Kantenfläche, wirkt der FLUKO als Konzentrator für direktes und diffuses Licht. Der FLUKO wird heute vor allem in photovoltaisch versorgten Kleingeräten wie Uhren oder Hausnummernbeleuchtungen verwendet.

schmilzt. Die Oberflächenspannung des Materials formt kleine Kügelchen, die nach dem Wiedererstarren oxidiert und danach erneut bis auf eine Temperatur von 1.300 °C gebracht werden. Dabei schmilzt das Si, die SiO_2-Oberfläche aber bleibt fest. Beim erneuten Erstarren diffundieren viele Verunreinigungsatome in die SiO_2-Deckschicht der Kügelchen. Schleift man diese Schicht mechanisch ab, so verbleibt ein Si-Material mit erhöhter Reinheit. Das Verfahren beinhaltet also auch eine Reinheitsverbesserung von metallurgischem Silicium. Die beschriebene Prozedur von Oxidieren, Schmelzen, Erstarren und Schleifen wird mehrfach wiederholt. Schließlich erhält man Si-Kügelchen mit einem Durchmesser von 0,75 mm. Durch einen Rest-Bor-Gehalt sind diese p-leitend. Die Kügelchen werden nun einer Phosphordiffusion unterzogen und erhalten damit einen sphärischen n-p-Übergang. Diese Kügelchen setzt man dann in vorgestanzte Löcher einer Aluminiumfolie ein und schleift sie rückseitig ab, um das p-leitende Kugelinnere freizulegen. Es folgen als nächste Schritte das Aufbringen einer frontseitigen Kunststoffzwischenschicht zur Isolation der n-Si-Frontseite und die Kontaktierung einer zweiten isolierten Aluminiumfolie mit dem p-leitenden Kugelinneren. Schließlich erhält man mechanisch flexible Solarzellen, die im Labor bei einer Fläche von 10 cm² ein $\eta = 10\ \%$ erreichen [45].

Seit Ende 1991 ist in Dallas (Texas) eine Pilotfertigung der MGS-Si-Solarzelle in Betrieb. Allerdings gibt es noch erhebliche Probleme, die komplizierten Fertigungsschritte für die Labormuster in die Produktion zu übertragen. Die Zukunft wird daher zeigen, ob die MGS-Si-Solarzelle tatsächlich in absehbarer Zeit und in großen Stückzahlen hergestellt werden kann.

UNSW- oder multi-layer-Zelle; die von Prof. Green von der University of New South Wales (Australien) auf der Grundlage von Si entwik-

kelte Zelle zeichnet sich durch einen neuartigen Aufbau aus. Während bei den herkömmlichen Solarzellen aus kristallinem Si nur ein p-n-Übergang je Zelle vorhanden ist, gibt es bei der UNSW-Zelle mehrere übereinanderliegende p-n-Übergänge. Um dies zu erreichen, bedampft man eine Glasträgerfläche zunächst mit einer Si-Schicht. Danach werden im gleichen Aufdampfverfahren abwechselnd p- und n-dotierte Si-Schichten aufgetragen, bis die Zelle eine Gesamtdicke von 20 - 30 µm erreicht. Von diesem Aufbau leitet sich auch der Name Multi-Layer[39]-Zelle ab. Sie ist deutlich dünner als Solarzellen aus kristallinem Si. In den auf die beschriebene Weise geschaffenen Schichtenaufbau schneidet man mit einem Laser Gräben und dotiert die Wände negativ (n). Auf diese Weise werden praktisch alle n-dotierten Schichten der Zelle parallel geschaltet. In einem nächsten Schritt schneidet man mit Laser weitere Gräben in die Zelle, deren Wände p-dotiert werden. Nun haben alle p-Schichten eine Parallelschaltung erhalten. Die Gräben füllt man schließlich mit Metall auf, was zu einer Reihenschaltung der verschiedenen parallel verschalteten p-n-Übergänge führt. Bedingt durch diese Anordnung haben die bei Lichteinfluß freigesetzten Elektronen stets nur einen kurzen Weg bis zum nächsten p-n-Übergang, und man kann daher Si mit einer erheblich schlechteren Qualität nutzen, als es bei den kristallinen Zellen verwendet wird [7].
Als Vorteile der UNSW-Zelle werden vor allem die um den Faktor 20 geringeren Materialkosten gegenüber denen der kristallinen Solarzellen genannt und die Tatsache, daß die Herstellungstechnologie der Zellen die Bearbeitung einer ca. 1 m² großen Fläche zuläßt, die dann eine einzelne Zelle darstellt. Bis zur Serienreife der UNSW-Zelle sind allerdings noch mehrjährige Forschungs- und Entwicklungsarbeiten

---

[39] Multi-Layer; von engl. multi = viel, mehrfach und layer = Schicht.

erforderlich. Entgegen den teilweise sehr euphorischen Pressemeldungen steht sie also in absehbarer Zeit für einen kommerziellen Einsatz noch nicht zur Verfügung. Dies gilt auch für die Kugelelement-Solarzelle. Die Hoffnungen hinsichtlich einer weiteren Erhöhung der Effektivität photovoltaischer Umwandlungssysteme ruhen daher gegenwärtig vor allem auf den bereits genannten Möglichkeiten zur Verbesserung des Wirkungsgrades und der Reduzierung der Fertigungskosten für die herkömmlichen Solarzellen und -module. In gleicher Weise arbeitet man auch an einer Verbesserung des Wirkungsgrades der erforderlichen Systemkomponenten.

Verbesserung des Wirkungsgrades der anderen Systemkomponenten;
Von ausschlaggebender Bedeutung für die Effektivität photovoltaischer Systeme ist neben dem Wirkungsgrad der Solarzellen vor allem der Wirkungsgrad der anderen Systemkomponenten. Die beste Solarzelle nützt nur wenig, wenn beispielsweise die von ihr bereitgestellte Gleichspannung nur mit relativ hohen Verlusten in Wechselspannung umgewandelt werden kann oder wenn bei Inselsystemen der Batteriespeicher mit hohen Verlusten arbeitet. Daher kommt der Entwicklung und der möglichst praxisnahen Erprobung von photovoltaischen Systemkomponenten eine außerordentliche Bedeutung zu. Folgende Arbeitsschwerpunkte verfolgt man dabei gegenwärtig:

- Entwicklung von Wechselrichterkonzepten mit einem geringen Eigenverbrauch auch im Teillastbereich.

- Entwicklung von Wechselrichterkonzepten, die dem jeweiligen Einsatzfall optimal angepaßt sind. Das gilt vor allem für Wechselrichter, die in Inselsystemen eingesetzt werden sollen.

- Entwicklung von effizienten Batteriesystemen, die den speziellen Einsatzbedingungen in PV-Anlagen voll angepaßt sind.

Eine besonders bedeutsame Aufgabe für die Zukunft ist die Frage einer möglichen Kostenreduzierung für die Solarzellen. Heute werden Solarzellen, unabhängig vom Typ, noch nirgendwo über die gesamte Prozeßkette hinweg wirklich industriell hergestellt. Bei allen derzeit vorhandenen Fertigungsanlagen handelt es sich im günstigsten Falle um halbindustrielle Produktionsstätten; der Anteil der nicht automatisierten Herstellungsschritte ist relativ hoch. Ganze Prozeßabschnitte sind häufig noch an reine Handarbeit gebunden.

Besonders in folgenden Bereichen sind die Ansatzpunkte für eine künftige mögliche Kostenreduzierung zu suchen:

- Verringerung des Si-Verbrauchs pro Solarzelle durch effektivere Sägemethoden für die Wafer,
- effektivere Kristallisationsverfahren für mono- und polykristallines Si,
- Übergang zur automatisierten Produktion über den gesamten Fertigungsprozeß hinweg. Um dies wirtschaftlich zu gestalten, sind allerdings bedeutend größere Produktionsmengen als derzeit gegeben erforderlich.

Ziel der Industrie ist es, in den nächsten 5 Jahren eine Halbierung der gegenwärtigen Fertigungskosten für kristalline Solarzellen zu erreichen.

Entwicklung neuartiger photovoltaischer Konversionsverfahren; als eine künftige Möglichkeit für photovoltaische Konversionsverfahren auf neuartigen Wegen werden Solarzellen auf der Grundlage von farbstoffsensibilisierten nanokristallinen Halbleitern angesehen. Auch hier liegen die Anfänge der Entwicklung schon mehr als 100 Jahre zurück. In einer Notiz aus dem physikalisch-chemischen Laboratorium der Wiener Universität vom 23. Juni 1887 schrieb James Moser im

Akademischen Anzeiger der Donaumetropole [42]:

"Ich erlaube mir mitzutheilen, dass ich die von Herrn E. Becquerel entdeckten photoelektrischen Ströme erheblich dadurch verstärken konnte, dass ich die beiden chlorirten, jodirten oder bromirten Silberplatten in einer Farbstofflösung, z. B. Erythrosin[40], badete. Beispielsweise war zwischen zwei chlorirten Silberplatten die elektromotorische Kraft im Sonnenlicht 0,02, zwischen zwei anderen in gleicher Weise behandelten, aber gebadeten Platten 0,04 Volt."

Das Grundprinzip der elektrochemischen Solarzelle besteht also darin, mittels eines synthetischen Farbstoffes einen verstärkten Elektronenfluß bei von Licht bestrahlten Halbleitern auszulösen; diese gewissermaßen über den Farbstoff zu sensibilisieren. Die Halbleiterpartikel haben dabei lediglich einen Durchmesser von nur wenigen Nanometern (nm). Bei den eingesetzten synthetischen Farbstoffen handelt es sich stets um sehr komplizierte Verbindungen u. a. auf der Grundlage von Ruthenium oder Osmium. Es würde zu weit führen, hier auf die in der Zelle ablaufenden Prozesse und auf die Funktionsweise einer solchen elektrochemischen Solarzelle näher einzugehen. Vermerkt sei lediglich, daß es mit der sogenannten Grätzel- oder TiO_2-Zelle heute bereits eine im Labormaßstab erprobte elektrochemische Solarzelle auf der Grundlage von nanokristallinen Halbleiterfilmen gibt, die über anorganische Farbstoffe sensibilisiert werden. An ihrer Weiterentwicklung sowie an der Entwicklung elektrochemischer Solarzellen auf der Grundlage anderer Halbleitermaterialien arbeitet man derzeit intensiv in verschiedenen Forschungslabors. Dabei stehen vorrangig Untersuchungen zum Verhalten der verschiedensten synthetischen

---

[40] Erythrosin; rotbrauner Farbstoff aus der Gruppe der Xanthenfarbstoffe; chemisch das Dinatriumsalz des Tetrajodflouresceins.

Farbstoffe unter Lichteinwirkung und ihre Eignung für den Einsatz in elektrochemischen Zellen im Mittelpunkt.

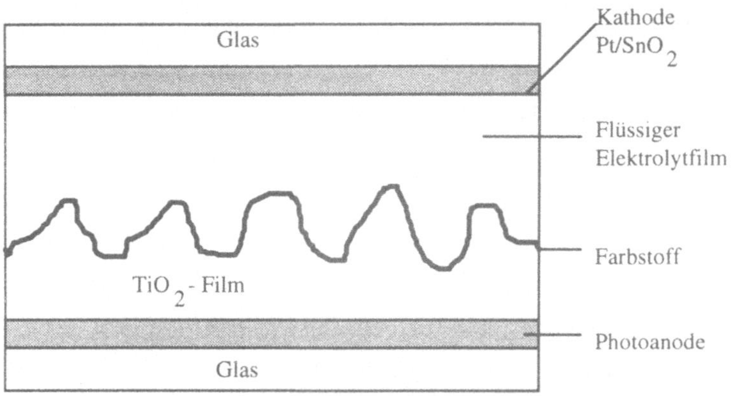

Abb. 65   Schematischer Aufbau einer farbstoffsensibilisierten Solarzelle

Abb. 65 zeigt den schematischen Schnitt durch eine farbstoffsensibilisierte Solarzelle. Die dabei gewählten Größenverhältnisse spiegeln allerdings die tatsächlichen Abmessungen der einzelnen Schichten nicht korrekt wider. Alle Schichten der Zelle haben tatsächlich nur eine "Dicke" von wenigen nm. Man muß sich daher eine solche Zelle als einen hauchdünnen Film zwischen zwei transparenten Deckschichten (Glas- oder Kunststoffscheiben) vorstellen.

Von den noch anhaltenden Forschungs- und Entwicklungsarbeiten erhofft man sich vor allem eine Verbesserung des Wirkungsgrades, er beträgt derzeit etwas mehr als 10% (vgl. Tab. 1). Optimistisch sind die Forscher schon heute hinsichtlich der Fertigung der TiO$_2$-Zelle. Man geht davon aus, daß sie sich künftig ohne weiteres in großen Mengen und zu geringen Kosten herstellen lassen könnte. Derzeit schätzt man die Höhe der Fertigungskosten auf 48 - 64 US-Dollar/m² Zellenfläche oder 0,48 - 0,64 US-Dollar/Wp. Sie liegen damit deutlich unter denen der kristallinen Solarzellen. Was den Wirkungsgrad der Zellen betrifft, so hält man Werte von mehr als 10 % für durchaus realistisch. Die bisher bei Versuchszellen erreichte Stromdichte liegt bei 12 mA/cm², die Spannung beträgt 0,6 V.

In den vorstehenden Kapiteln wurde sicher eindeutig dargelegt, daß die Photovoltaik ihre technische Einsatzfähigkeit längst bewiesen hat. Und sie ist auch keine Technik, die nur für sonnenreiche Entwicklungsländer eine Daseinsberechtigung hat. Ihr technisches Potential ist selbst für mitteleuropäische Verhältnisse enorm. Für die Bundesrepublik Deutschland wurde es beispielsweise im Rahmen der Energiekonsensgespräche auf einen Wert beziffert, der zwischen 18 und 302 TWh/a liegt. Die Photovoltaik könnte also im Prinzip den gesamten Strombedarf Deutschlands decken. Wenn das genannte technische Potential heute erst in einem äußerst geringen Umfang, er liegt bei < 0,01 %, genutzt wird, so liegt dies vor allem in den wirtschaftlichen Rahmenbedingungen begründet, unter denen sich die Photovoltaik behaupten muß. Die Kosten für die konventionellen Energieträger sind sehr niedrig und spiegeln damit nicht die wirtschaftliche Wahrheit der gesamten Kette zwischen Gewinnung, Umwandlung und Entsorgung wider. Hinzu kommt, daß die durch die Umwandlung der fossilen Energieträger (Kohle, Erdöl, Erdgas) in Endenergie entstehenden Schäden an der Umwelt in diese Kosten nicht oder nur zu einem Bruchteil eingehen.

Es wurde aber auch deutlich, daß es eine Vielzahl von Ansätzen zur technischen und wirtschaftlichen Verbesserung der photovoltaischen Technik gibt. Zum einen betrifft das die, wenn man so will, klassischen Verfahren der Photovoltaik auf der Basis von kristallinem Silicium. Es gibt aber auch schon hoffnungsvolle Ansätze für neuartige

Methoden der photovoltaischen Konversion auf der Grundlage anderer Halbleitermaterialien und Nanostrukturen. Dies alles läßt den Schluß zu, und gibt auch die Gewissheit, daß die Photovoltaik - obwohl sie derzeit in bestimmten Bereichen noch nicht wirtschaftlich ist - langfristig ein großes Entwicklungspotential hat. Von manchen werden diese Entwicklungsmöglichkeiten kurzfristig überschätzt. Sie glauben, schon morgen wäre eine Stromversorgung allein auf der Grundlage der Photovoltaik möglich. Dies ist ein Trugschluß, der obendrein noch dazu führen kann, daß man die langfristigen Möglichkeiten der Photovoltaik unterschätzt. Denn eines steht mit Gewissheit fest: zur Mitte des nächsten Jahrhunderts wird die Photovoltaik eine wesentliche Rolle in der Strombereitstellung einnehmen. Angesichts der zunehmenden globalen Umweltprobleme ist die umfassende Nutzung der Sonnenenergie der einzige vernünftige Weg zur Lösung unserer künftigen Energieprobleme.

Literatur

[1] Böer, K. W.: Survey of Semiconductor Physics. New York: Van Nostrand Reinhold 1992.

[2] Dohlen, K. von; Bopp, G: Blitzschutz in Photovoltaik-Anlagen. In: Photovoltaik-Anlagen. Freiburg: Fraunhofer-Institut für Solare Energiesysteme 1994.

[3] Energie für die Zukunft. 9. Internationales Sonnenforum 28.6. bis 1.7.1994 in Stuttgart. München: DGS-Sonnenenergie Verlags-GmbH 1994.

[4] Erneuerbare Energien. Bonn: Forum für Zukunftsenergien.

[5] Europaweite Marktübersicht und Tests von Gleichspannungs-verbrauchern. Freiburg: Fraunhofer-Institut für Solare Energie-systeme 1994.

[6] Goetzberger, A.; Voß, B.; Knobloch,J.: Sonnenenergie: Photovoltaik. Stuttgart: Teubner-Verlag 1994.

[7] Green, M. A.: Solar Cells. Kensington: The University of New South Wales 1992.

[8] Grundlagen und Systemtechnik solarer Energiesysteme - Regens-burger Solartage. Freiburg: Fraunhofer-Institut für Solare Energiesysteme1992.

[9] Häberlin, H.: Photovoltaik. Aarau: AT Verlag 1991.

[10] Hanus,B.: Das Grosse Anwenderbuch der Solartechnik. Poing: Franzis-Verlag 1995.

[11] Hoffmann, V. U.: Energie aus Sonne, Wind und Meer. Leipzig: Teubner-Verlag 1990.

[12] Hoffmann, V. U.: Wasserstoff - Energie mit Zukunft. Stuttgart Leipzig: Teubner-Verlag 1994.

[13] Hoffmann, V. U.; Thiele, R. (Hrsg.): Energie. Leipziger Messe/Terratec'94. Stuttgart Leipzig Teubner-Verlag 1994.

[14] Hoffmann, V. U. (Hrsg.): Energie. Leipziger Messe/TerraTec'95 Stuttgart Leipzig: Teubner-Verlag 1995.

[15] Hoffmann, W. et al: Aufbau, Erprobung und Optimierung einer Pilotanlage zur Herstellung von Solargeneratoren auf der Basis von MIS-Inversionsschicht-Solarzellen. In: Statusreport 1987 Photovoltaik. Bundesministerium für Forschung und Technologie 1987.

[16] Jäger, F.; Räuber, A. (Hrsg.): Photovoltaik Strom aus der Sonne. Karlsruhe: C.F.Müller Verlag 1990.

[17] Jäger, K.; Roth, P.: Neue Verfahrensschritte zur Wirkungs- gradverbesserung von MIS- Inversionsschicht- Solarzellen und Übertragung auf zukünftige Siliciumsubstrate. In: Statusreport 1993 Photovoltaik. Bundesministerium für Forschung und Tech- nologie 1993.

[18] Kaltschmidt, M; Fischedick, M.: Wind- und Solarstrom. Heidelberg: C.F.Müller Verlag 1995.

[19] Kleemann, M.; Meliß, M.: Regenerative Energiequellen. Berlin Heidelberg New York London Paris Tokyo: Springer-Verlag 1988.

[20] Köthe, H. K.: Praxis solar- und windelektrischer Energieversorgung. Düsseldorf: VDI-Verlag 1982.

[21] Köthe, H. K.: Solarantriebe in der Praxis. München: Franzis- Verlag 1994.

[22] Köthe, H. K.: Stromversorgung mit Solarzellen. 4. Aufl. München: Franzis-Verlag 1994.

[23] Krieg, B.: Strom aus der Sonne. Aachen: Elektor-Verlag 1993.

[24] Ladener, H.: Solare Stromversorgung. Staufen: ökobuch 1990.

[25] Lardy, M. (Hrsg.): Wild auf Sonnenenergie. Eschringen: ENERGIE-WENDE Verlag.

[26] Laukamp, H.: Photovoltaik in Gebäuden.In: Photovoltaik-Anlagen. Freiburg: Fraunhofer-Institut für Solare Energiesysteme 1994.

[27] Laukamp, H; Bopp, G.: Elektrische Sicherheit und Errichtungsbestimmungen. In: Photovoltaik-Anlagen. Freiburg: Fraunhofer-Institut für Solare Energiesysteme 1994.

[28] Meissner, D. (Hrsg.): Solarzellen. Braunschweig/Wiesbaden: Vieweg & Sohn 1993.

[29] Tagungsband Neuntes Symposium Photovoltaische Solarenergie, 16. - 18. März 1994 im Kloster Banz (b. Staffelstein). Regensburg: OTTI 1994.

[30] Österreichische Zeitschrift für Elektrizitätswirtschaft 46(1993)3.

[31] Photovoltaik. Köln: Forschungsverbund Sonnenenergie 1992.

[32] Photovoltaik 2. Köln: Forschungsverbund Sonnenenergie 1993.

[33] Photovoltaik. Köln: Verlag TÜV Rheinland 1988.

[34] Photovoltaik. Stuttgart: VDI 1993.

[35] Rieß, H. et al: Planung und Durchführung eines Mess- und Dokumentationsprogramms an photovoltaischen Demonstrationsanlagen. Statusreport 1993 Photovoltaik.

[36] Roebke-Doerr, P.: Solare Stromanlagen. Niedernhausen: Falken-Verlag 1994.

[37] Scheer, H. (Hrsg.): Das Solarzeitalter. Karlsruhe: Verlag C. F. Müller 1989.

[38] Schmid, J. (Hrsg.): Photovoltaik Strom aus der Sonne. Heidelberg: C. F. Müller Verlag 1994.

[39] Schmidt, H.: Von der Solarzelle zum Solargenerator. In: Photovoltaik-Anlagen. Freiburg: Fraunhofer-Institut für Solare Energiesysteme 1994.

[40] Schmidt, H; Siedle, Ch.: Der Charge Equalizer - ein neuartiger Ansatz zur Erhöhung der Lebensdauer vielzelliger Batterien. In: Photovoltaik-Anlagen. Freiburg: Fraunhofer-Institut für Solare Energiesysteme 1994.

[41] Schwab, A. J.: Elektromagnetische Verträglichkeit. 3. überarbeitete und erweiterte Auflage. Berlin Heidelberg New York London Paris Tokyo: Springer-Verlag 1994.

[42] Selected Papers on Grätzel Solar Cells. In: Solar Energy Materials and Solar Cells, Volume 32, No. 3, March 1994.

[43] Sorokin, A.: Batterien und Laderegler für Photovoltaik-Anlagen. In: Photovoltaik-Anlagen. Freiburg: Fraunhofer-Institut für Solare Energiesysteme 1994.

[44] Twelfth European Photovoltaic Solar Energy Conference, 11-15 April, 1994 Amsterdam. Bedford (U.K.): Stephens & Associates 1994.

[45] Wagemann, H.-G.; Eschrich, H.: Grundlagen der photovoltiaschen Energiewandlung. Stuttgart: Teubner-Verlag 1994.

[46] Weik, H.; Engelhorn, H.: Wärme und Strom aus Sonnenenergie. Altlußheim: Solar Energie-Technik GmbH 1990.

[47] Wilk, H.: Solarstrom. Gleisdorf: Arbeitsgemeinschaft ERNEUERBARE ENERGIE 1994.

Sachwortverzeichnis

Einblicke in die Wissenschaft

Beier
Wilhelm Conrad Röntgen
2. Aufl. 135 Seiten. DM 19,80 / ÖS 155,- / SFr 19,-

Deweß/Ehrenberg/Hartwig/Jahn/Pickenhain/Voigt
Heureka heute
Kostproben praxiswirksamer Mathematik
150 Seiten. DM 16,80 / ÖS 131,- / SFr 16,50

Engewald
Georgius Agricola
2. Aufl. 164 Seiten. DM 19,80 / ÖS 155,- / SFr 19,-

Garbrecht
Meisterwerke antiker Hydrotechnik
154 Seiten. DM 22,80 / ÖS 169,- / SFr 22,-

Gassmann
Was ist los mit dem Treibhaus Erde
XI, 168 Seiten. DM 19,80 / ÖS 155,- / SFr 19,-

Hoffmann
Photovoltaik – Strom aus Licht
161 Seiten. DM 22,80 / ÖS 169,- / SFr 22,-

Hoffmann
Wasserstoff – Energie mit Zukunft
171 Seiten. DM 19,80 / ÖS 155,- / SFr 19,-

Jacobs/Meyer
Geophysik – Signale aus der Erde
167 Seiten. DM 19,80 / ÖS 155,- / SFr 19,-

Kadeřávek
Geometrie und Kunst in früherer Zeit
104 Seiten. DM 16,80 / ÖS 131,- / SFr 16,50

Koepp/Koepp-Schewyrina
Tschernobyl
Katastrophe und Langzeitfolgen
160 Seiten. DM 22,80 / ÖS 169,- / SFr 22,-

B. G. Teubner Verlagsgesellschaft
Stuttgart · Leipzig

Hochschulverlag AG an der ETH
Zürich

Einblicke in die Wissenschaft

Mett
Regiomontanus
Wegbereiter des neuen Weltbildes
204 Seiten. DM 24,80 / ÖS 184,– / SFr 24,–

Schneider
Otto von Guericke
Ein Leben für die Alte Stadt Magdeburg
172 Seiten. DM 19,80 / ÖS 155,– / SFr 19,–

Teichmann
Wandel des Weltbildes
Astronomie, Physik und Meßtechnik in der Kulturgeschichte
3. Aufl. 231 Seiten. DM 24,80 / ÖS 184,– / SFr 24,–

Walser
Der Goldene Schnitt
140 Seiten. DM 16,80 / ÖS 131,– / SFr 16,50

Wußing
Adam Ries
2. Aufl. 124 Seiten. DM 16,80 / ÖS 131,– / SFr 16,50

B. G. Teubner Verlagsgesellschaft
Stuttgart · Leipzig

Hochschulverlag AG an der ETH
Zürich

Hoffmann
Wasserstoff – Energie mit Zukunft

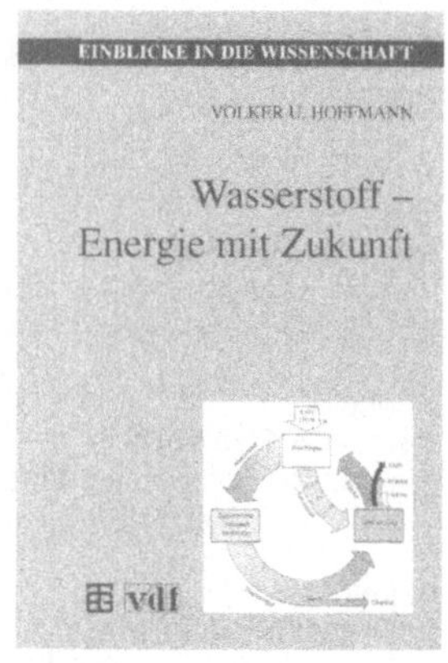

Die Deckung unseres Energiebedarfs wird zunehmend von ökologischen Gesichtspunkten beeinflußt. Fossile Energieträger tragen in unterschiedlichem Maße zum Treibhauseffekt bei, und sie stehen nicht unbegrenzt zur Verfügung. Neben dem sparsamen Umgang mit Energie muß daher nach neuen Wegen für die Energieversorgung gesucht werden. Der energetische Einsatz von Wasserstoff ist ein solcher Weg; zahlreiche technische Lösungen dafür gibt es bereits. Der Autor stellt eine Auswahl vor: vom Kraftfahrzeug bis zum Cryoplane. Zugleich werden Fragen der Herstellung, des Transports und der Lagerung von Wasserstoff behandelt. Dabei wird deutlich, daß die Wasserstoffenergetik erst dann Einzug in unser Alltagsleben hält, wenn sich der Wasserstoff preisgünstig aus nichtfossilen und nichtnuklearen Quellen gewinnen läßt.

Von
Volker U. Hoffmann
Leipzig

1994. 171 Seiten
mit 34 Bildern und
13 Tabellen.
13,7 x 20,5 cm.
Kart. DM 19,80
ÖS 155,– / SFr 19,–
ISBN 3-8154-3501-3

(Einblicke in die
Wissenschaft – Technik)

B. G. Teubner Verlagsgesellschaft
Stuttgart · Leipzig

Hochschulverlag AG an der ETH
Zürich